住宅设计美学：空间与生活的和谐

文 潜 著

吉林摄影出版社
·长春·

图书在版编目（CIP）数据

住宅设计美学 ： 空间与生活的和谐 / 文潜著.
长春 ： 吉林摄影出版社， 2024.12. -- ISBN 978-7
-5498-6455-3

Ⅰ. TU241

中国国家版本馆CIP数据核字第2024RB6824号

住宅设计美学 ： 空间与生活的和谐

\ J W\ J CKUJ GLKO GKZ WG'ㄹMQPI LKCP'[WUJ GPI J WQ'F G'J GZKG

著　　者　文　潜
出 版 人　车　强
责任编辑　李　彬
封面设计　文　亮
开　　本　787 毫米 ×1092 毫米　1/16
字　　数　180千字
印　　张　8.5
版　　次　2024年12月第1版
印　　次　2024年12月第1次印刷

出　　版　吉林摄影出版社
发　　行　吉林摄影出版社
地　　址　长春市净月高新技术开发区福祉大路 5788 号
　　　　　邮编：130118
电　　话　总编办：0431-81629821
　　　　　发行科：0431-81629829
印　　刷　河北昌联印刷有限公司

书　　号　ISBN 978-7-5498-6455-3　　定　　价：76.00元

前　言

住宅设计美学是当今建筑领域中一个重要的研究方向，它不仅关乎空间的布局和功能的实现，更深入地影响着居住者的生活品质和心理感受。在现代社会，随着生活节奏的加快，人们对于居住环境的要求也逐渐提升，住宅不仅仅是一个栖身之所，更是生活的延伸和个人品位的体现。

在现代城市中，绿地和自然景观往往难以触及，设计师需要在住宅空间中引入自然元素，以创造舒适的居住环境。通过大面积的窗户、开放式的布局以及合理的采光设计，室内空间可以与外部环境无缝连接，给予居住者自然的体验和心理上的放松。设计师可以在室内设置小型花园或绿植墙，使得植物的生机与室内生活相互交融，营造出一种自然与生活的共生状态。

现代住宅设计强调功能性与美观性的结合，在空间的划分上，要考虑到居住者的生活习惯与社交需求。开放式的厨房与客厅布局，打破了传统的空间隔断，促进了家庭成员之间的交流与互动。通过合理的家具配置和流线设计，能够有效提高空间的利用率，使得每一处都能够发挥其最大功能。设计师在空间布局上应灵活运用各种元素，如色彩、材质和光线，以实现视觉上的和谐美感，增强居住者的愉悦体验。

每一个家庭都有其独特的文化背景和生活方式，因此在设计时应充分考虑这些因素。通过对传统文化的尊重与创新，设计师可以在住宅中巧妙地融合地方特色与现代美学，创造出富有个性和文化底蕴的居住空间。在一些地区，传统的庭院设计被现代住宅设计师重新诠释，通过开敞的空间与绿色植物，既保留了传统文化的精髓，又符合现代生活的需求。这种文化与现代的交融，不仅提升了住宅的美学价值，也使得居住者在日常生活中能够感受到文化的传承与延续。

在材料的选择上，住宅设计美学同样不可忽视。现代设计越来越倾向于使用可持续和环保的材料，以减少对环境的负担。天然材料如木材、石材等，因其独特的纹理和质感，能够赋予空间一种温暖而自然的氛围。现代科技的发展也为设计师提供了更多的选择，如新型的复合材料和智能家居系统，它们不仅提升了住宅的功能性，也为居住者的生活带来了便利。通过合理的材料运用，设计师能够在美学与实用之间找到最佳平衡。

住宅设计不仅仅是对空间的构建，更是对居住者生活方式的深刻理解与反思。在设计过程中，应始终关注居住者的需求与感受，创造出既能满足生活功能，又充满美感的空间。设计师需要在艺术与实用之间找到一个动态的平衡点，使住宅成为生活的舞台，而非单一的容器。

随着社会的不断发展，人们对于住宅设计的期望也在不断演变。在未来的设计中，如何将智能科技与人性化关怀相结合，将是一个重要的课题。智能家居系统的引入，可以为居住者提供更为便捷的生活体验，同时也能提升空间的安全性和舒适度。过于依赖科技也可能导致人与人之间的疏离，在设计中必须时刻保持对人性的关注，确保科技与生活的和谐共存。

住宅设计美学的核心在于创造一个能够反映居住者个性与价值观的空间。在这个空间中，每一个细节、每一处布局都承载着居住者的生活故事和情感记忆。设计师的使命不仅是构建一个舒适的居住环境，更是通过设计传递出居住者的生活态度与美学追求。这样的住宅，才能真正实现空间与生活的和谐，让居住者在其中找到归属感与幸福感。

目　录

第一章　绪　论

第一节　住宅设计的美学意义

一、住宅设计的美学内涵

（一）空间的美学

空间美学在住宅设计中扮演着至关重要的角色，它不仅关系到居住的舒适性和功能性，还直接影响居住者的心理感受与生活品质。在当代住宅设计中，空间的布局、色彩的搭配、材质的选择等都充分体现了空间美学的深刻内涵。

空间布局是住宅设计的基础。合理的空间布局能够提高居住的舒适度和功能性。设计师通常会根据家庭成员的生活习惯和需求来进行布局。开放式的客厅与厨房设计，可以增强家庭成员之间的互动，营造出温馨的氛围。合理的空间划分也能确保私密性，如将卧室和公共区域分隔开来，提供一个宁静的休息环境。

流线是指人们在空间中移动的线路，良好的流线设计能有效地避免拥挤和混乱，使居住者在空间中活动时更加顺畅。设计师往往会考虑人们的活动规律，通过合理的通道和过渡空间，使不同功能区域之间的连接更加自然。

不同的色彩能够传递不同的情感和氛围。温暖的色调（如橙色、黄色）能够让人感受到亲切和活力，适合用于家庭的公共区域；而冷色调如蓝色、绿色，则能带来宁静和放松，适合用于卧室等休息空间。在住宅设计中，色彩的搭配不仅要考虑个人喜好，还要考虑空间的采光条件、面积大小等因素。合理的色彩搭配能使空间更具层次感和视觉吸引力。

不同材质带来的触感和视觉效果各异，能够在空间中创造出独特的氛围。木材的温暖感与自然气息可以使空间显得更加亲切；而金属和玻璃等材质则常常带来现代感和科技感。在住宅设计中，设计师需要平衡不同材质之间的搭配，以达到和谐统一的效果。

自然光的引入可以有效地提升室内的明亮度和空间感，而人工照明则可以通过不同的光源和灯具来营造氛围。在设计中，窗户的位置和大小、光源的选择和布置都应经过精心考虑，以实现光与影的和谐交融。通过巧妙的光线运用，空间的层次感和立体感能够得到极大增强。

除了以上几个方面，植物的运用也是提升住宅空间美学的重要手段。适当的绿植不仅能够改善室内空气质量，还能为空间增添生机与活力。在设计中，可以选择适合室内环境的植物，合理地摆放在不同区域，以达到装饰效果与生态效益的双重目的。植物的色彩和形态也能与空间的整体风格相协调，使得空间更具生动感。

每个家庭都有其独特的生活方式和审美追求，设计师通过对家具、艺术品、装饰品的选择与搭配，能够充分展现居住者的个性与品位。定制家具越来越受到欢迎，它不仅可以满足空间的特定需求，还能与整体设计风格完美融合，使空间更加协调。

（二）形态的美学

在住宅设计中，形态美学是一个重要的概念，涉及建筑的外观、比例、结构以及与周围环境的关系。形态美学不仅仅是关于视觉的吸引力，更是通过空间的布局、材料的运用和色彩的搭配，传达出设计师的思想和情感。

住宅设计需要考虑空间的功能性与美学的统一。设计师必须充分理解居住者的生活方式，通过合理的空间布局满足其需求。在开放式布局中，空间的流动性增强，可以让家庭成员之间保持亲密的互动，同时也可以通过家具的摆放、墙体的分隔来营造私密性。空间的形态美学在于如何使这些不同功能的区域既相互联系，又各自独立。

建筑物的高度、宽度与周围环境的协调，以及室内空间的尺度感，都会影响居住者的心理感受。良好的比例设计能够让人感到舒适和愉悦。比如，住宅的窗户、门的大小，以及房间的层高，都应该与整体建筑风格相匹配。过大的窗户可能会让空间显得空旷，而过小的窗户则会使空间显得压抑。设计师在进行住宅设计时，需对这些比例关系进行深思熟虑的考量。

不同的材料不仅影响建筑的外观，还会影响居住者的体验感。自然材料，如木材、石材，通常能带来温暖和舒适的感觉，而金属、玻璃等现代材料则更具现代感和科技感。在选择材料时，设计师应考虑到材料的特性、质感以及与周围环境的协调性。在一个自然景观优美的地区，使用天然石材和木材可以更好地融入环境，提升住宅的整体美感。

色彩能够直接影响人们的情绪和心理感受。在住宅设计中，设计师应根据住宅的风格和周围环境来选择色彩。温暖的色调，如浅黄、浅棕，能够营造出温馨舒适的氛围；而冷色调，如蓝色和灰色，则更适合现代简约风格，传达出理性和清新的感觉。色彩的运用还需注意明暗的对比与协调，以创造出层次感和视觉上的吸引力。

住宅设计不仅仅是单独的建筑物，更是与周围环境密切相关的整体。设计师需要考虑到周围的自然景观、气候条件、光照方向等因素，以达到建筑与环境的和谐统一。合理的朝向设计可以最大限度地利用自然光和通风，减少能源消耗，同时也能增强居住者的舒适感。

细节往往决定了整体效果，良好的细节处理可以提升住宅的品质感。门窗的设计、阳台的造型、屋顶的线条等，都是形态美学的重要组成部分。设计师通过对这些细节的精心打磨，使住宅在外观上更具吸引力，同时在使用上更加便捷。

在现代住宅设计中，形态美学也体现出对可持续发展的关注。绿色建筑理念的兴起，使得设计师在考虑美学的同时也要关注建筑的环保性和可持续性。使用可再生材料、设计节能的空间布局、引入自然采光等，都是现代住宅设计中形态美学的新方向。这不仅提升了住宅的功能性，也让建筑在视觉上更具自然之美。

二、住宅设计的社会与文化影响

（一）居住环境的美学价值

居住环境的美学价值不仅关乎空间的视觉效果，还涉及人们的生活质量和心理健康。在现代社会，居住环境被视为人类生活的核心，优美的居住环境能够提升人们的幸福感、满足感和归属感。深入探讨居住环境的美学价值，可以从空间设计、色彩运用、自然元素、文化影响和个性化表达等多个角度进行分析。

良好的空间设计注重功能与形式的结合，强调空间的流动性和多样性。居住空间的合理布局，不仅可以提升生活的便利性，还能优化居住体验。开放式的客厅与餐厅设计，使家庭成员在日常生活中能够更好地互动，增强家庭的亲密感。空间的灵活性设计也使居住者可以根据不同的生活需求进行调整，如可移动的隔断或多功能家具，既提高了空间的利用率，也为居住者提供了更多的生活选择。

不同的色彩不仅影响空间的视觉效果，也直接影响居住者的情绪和心理状态。温暖的色调如红色、橙色，能够激发活力和积极情绪，适合用于公共空间；而冷色调如蓝色、绿色，则能营造宁静和放松的氛围，适合卧室等私密空间。在设计中，色彩的搭配应注重整体的和谐与平衡，避免单一色彩带来的视觉疲劳。通过对色彩的巧妙运用，设计师能够创造出丰富的空间层次感和视觉引导，提升居住环境的美学价值。

现代设计越来越重视与自然的连接，通过大面积的窗户、阳台和庭院，将自然光和自然景观引入室内。绿植的配置也是不可或缺的，它不仅可以改善空气质量，还能为居住空间增添生机与活力。通过选择适合室内环境的植物，设计师可以在空间中创造出丰富的生态系统，使居住环境更加健康和舒适。使用自然材料如木材、石材等，能够让居住者感受到大自然的温暖与质朴，从而提升整体的美学体验。

每个地区、每个民族都有其独特的文化背景和传统习俗，这些文化元素在居住环境中得以体现。在某些文化中，传统的装饰品和手工艺品常常被用作空间的点缀，展现出居住者的文化认同和个人品位。文化背景还影响着空间的布局和功能设置，如家庭聚会的形式、生活习惯等。在居住环境的设计中，融入当地文化特色，能够增强居住者的归属感和认同感，使空间更具独特的美学价值。

每个居住者都有自己的生活方式和审美偏好，通过个性化的设计，能够充分体现其独特的生活态度和个性。定制家具和艺术装饰品的选择，往往反映出居住者的兴趣和追求。现代设计鼓励将居住者的个人故事融入空间设计中，让每一个角落都能讲述独特的故事。这样的个性化设计提升了空间的美学价值，使居住者在日常生活中感受到更深层次的满足与快乐。

研究表明，良好的居住环境能够有效减轻压力，提升幸福感。在自然光充足、色彩搭配合理、空间布局舒适的环境中，居住者更容易保持积极的心态和良好的心理状态。反之，拥挤、杂乱和暗淡的空间则可能导致焦虑和抑郁。在居住环境的设计中，应充分考虑心理健康的需求，通过科学合理的设计手法，为居住者创造出一个既美观又舒适的空间。

（二）住宅设计与人文关怀

住宅设计中的人文关怀是一个至关重要的主题，它不仅关注建筑本身的美观和实用性，更强调对居住者情感、文化和社会背景的理解与尊重。在当今快速发展的城市环境中，人们对居住空间的需求逐渐转向个性化、舒适性以及心理健康的关注，在住宅设计中融入人文关怀显得尤为重要。

每个家庭都有其独特的生活习惯和需求，设计师需要深入了解这些需求，以便创造出一个既符合功能又能提高居住者生活质量的空间。在多代同堂的家庭中，设计师可以考虑增加独立的生活区域，为不同年龄段的家庭成员提供私密空间，同时又能设计共享的公共区域，促进家庭成员之间的互动。这样的设计既考虑了居住者的个人需求，也体现了家庭关系的温暖与和谐。

住宅设计可以成为文化表达的一种方式，通过建筑的形式、材料和装饰，传达特定的文化价值和历史背景。在某些地区，传统的建筑风格和材料可能与当地的历史和文化密切相关。设计师可以在现代设计中融入这些传统元素，以设计创造出具有地域特色的住宅。这不仅有助于保护和传承地方文化，还能增强居住者的归属感和认同感。

现代社会中，人们的生活节奏变化较快，家庭结构也日益多样化，住宅设计应具备良好的灵活性，以适应这些变化。可移动的隔断、模块化的家具设计，以及多功能空间的构建，都能让居住者根据需要自由调整空间布局。这种灵活性提高了空间的使用效率，增强了居住者的自主感，使其能够根据自身需求自由塑造生活环境。

在心理健康方面，良好的住宅设计能够有效提升居住者的幸福感。研究表明，居住环境对人的情绪和心理状态有着直接的影响。设计师可以通过引入自然光、通风良好的布局以及绿色植物，来创造一个舒适、宁静的生活空间。自然元素的融入，不仅能够提升居住者的愉悦感，还能降低压力，改善心理健康。设计师还应关注噪声控制和私密性的设计，通过合理的材料选择和空间布局，减少外部干扰，提供一个安静的生活环境。

随着人们对环境问题的关注增强，住宅设计应充分考虑可持续发展的原则，采用环保材料和节能技术，以减少对自然环境的影响。使用可再生材料、优化建筑的朝向以最大化自然采光和通风，或者安装雨水收集系统等，都是实现可持续设计的有效措施。通过这样的设计，既满足了居住者的基本需求，也对环境保护和生态平衡产生积极影响。

在智能家居的背景下，人文关怀也可以通过科技的手段得以实现。智能家居系统能够为居住者提供更为便捷的生活体验，通过智能设备的连接与控制，提升居住的舒适性和安全性。设计师可以考虑将智能技术与人性化设计相结合，使居住者在享受科技便利的同时仍能感受到家的温暖。智能灯光系统可以根据居住者的生活习惯和情绪进行调节，创造出不同的氛围，增强居住者的心理舒适度。

随着社会的不断发展，居住者的需求也在不断变化。设计师需要具备前瞻性，能够预测未来可能出现的生活方式变化，从而在设计中预留空间和可能性。这种前瞻性的设计提升了住宅的实用性，能让居住者感受到对未来生活的积极回应。

第二节 空间与生活的关系概述

一、空间对生活的影响

居住空间的功能与布局是现代家居设计中至关重要的两个方面，它们直接影响到居住者的生活质量和空间的使用效率。合理的布局不仅能提升空间的功能性，还能为居住者创造一个舒适、便利的生活环境。深入探讨居住空间的功能与布局，可以从功能分区、空间流线、灵活性设计以及家具配置等几个方面进行分析。

居住空间通常包括客厅、餐厅、卧室、厨房和卫生间等多个功能区域。每个区域的设计和布局应根据家庭成员的生活习惯和需求进行合理划分。客厅作为家庭的社交中心，需要提供足够的活动空间和舒适的座位，而餐厅应便于就餐和社交，可以与厨房相连，形成开放式的流线设计。卧室则应具备良好的私密性，通常位于住宅的安静区域，以确保居住者有一个放松的休息空间。通过合理的功能分区，可以有效提高空间的使用效率，满足不同功能需求。

空间流线的设计至关重要。流线是指人们在空间中活动的路径，良好的流线设计能够避免拥挤和混乱，提高居住者的生活便利性。在住宅设计中，流线应尽量简洁明了，使居住者在日常活动中能够方便地移动。厨房与餐厅之间的流线应尽量顺畅，以便于从厨房搬运食物；而卫生间的布局应考虑到与卧室的接近性，以便于夜间使用。设计师通常会通过合理的通道和过渡空间来增强各个功能区之间的连接，确保流线的自然流畅。

随着家庭结构和生活方式的变化，居住空间的功能需求也在不断演变。灵活性设计使得空间能够根据需要进行调整。使用可移动的隔断可以轻松地改变空间的使用方式，从而实现开放式与封闭式的切换；而多功能家具，如沙发床或折叠桌椅，能够在不占用过多空间的情况下，满足不同的功能需求。这种灵活性设计不仅提高了空间的适应性，为居住者提供了更多的生活选择，使其能够根据实际情况调整居住环境。

家具的选择和摆放直接影响到居住空间的功能性和美观性。设计师在选择家具时，应考虑到空间的大小、形状以及居住者的生活习惯。在小户型中，选择轻巧、易于移动的家具可以避免空间的拥挤；而在较大的客厅中，则可以选择尺寸适中的沙发和茶几，以营造舒适的社交氛围。在家具的摆放上，应遵循“功能优先”的原则，确保各个功能区域的使用便利。合理的家具布局也能提升空间的美观度，创造出舒适宜人的居住环境。

现代家庭往往面临着空间不足的问题，因此合理的收纳设计可以有效提高空间的利用率。通过设计内嵌式储物柜、墙面书架和多功能家具等，能够充分利用垂直空间，实现有效的收纳。在布局上，应考虑到收纳空间与使用区域的合理距离，确保日常生活中的便捷性。

良好的自然光引入和通风设计，可以改善居住环境的舒适度。设计师在布局时，应考虑到窗户的位置、大小以及朝向，以确保每个功能区域都能获得充足的自然光。合理的通风设计也能有效降低室内湿度，改善空气质量，为居住者提供一个健康的生活环境。

每个家庭都有其独特的文化背景和生活习惯，设计师通过对居住空间的定制化设计，能够让每个空间都充满个性。在儿童房的设计中，可以根据孩子的兴趣爱好进行主题化布置；而在书房中，则可以通过书桌和书架的配置，营造出一个专注学习的环境。

这样的个性化设计不仅提升了空间的美学价值，也使居住者在日常生活中感受到更深层次的满足与归属感。

二、生活对空间的塑造

（一）文化与生活习惯的影响

文化与生活习惯对居住空间的影响是深刻而广泛的。这种影响不仅体现在空间的设计和布局上，还反映在材料选择、色彩搭配及功能设置等多个方面。通过对文化背景和生活习惯的理解，设计师能够创造出更加符合居住者需求的空间，提高生活质量与居住体验。

不同的文化背景往往决定了居住空间的基本功能和布局。在一些传统文化中，家庭的结构和空间布局具有明确的分工与界限。在中国传统住宅中，通常会有独立的客厅、卧室、书房和厨房等，每个空间都有其特定的功能，强调家庭成员之间的关系与互动。在这样的布局中，客厅往往被视为家庭的社交中心，是接待客人和家庭聚会的重要场所，而卧室则应具备良好的私密性，成为休息与放松的空间。

相较之下，西方的开放式布局更为流行，特别是在现代家庭中，客厅、餐厅和厨房常常融为一体。这种布局反映了西方社会更为开放和自由的生活方式，家庭成员之间的互动更加频繁，社交活动更为活跃。在这样的空间设计中，厨房不仅是烹饪的地方，也是家庭聚会和社交的场所，体现出家庭生活的多功能性与灵活性。

在一些文化中，自然材料的使用被高度重视。在北欧设计中，木材被广泛应用于建筑和家具中，这不仅是因为木材的可再生性，更是因为其能够传达温暖和自然的氛围。在日本的传统建筑中，使用竹子和纸张等轻质材料，能够有效地与自然环境融合，营造出宁静与和谐的居住空间。

在现代城市生活中，钢筋混凝土和玻璃被广泛应用于住宅设计中，这种材料的使用不仅能够提高建筑的耐久性，还能创造出明亮、开阔的空间感。这种对材料的选择与使用，反映了不同文化对生活质量、环保与美感的不同理解与追求。

随着社会的变迁和科技的发展，现代人的生活方式发生了显著变化。随着远程办公的普及，越来越多的家庭开始在居住空间中设置书房或工作区。这样的变化使得居住空间的功能更加多样化，设计师需要考虑如何在有限的空间内合理规划办公区域与生活区域，确保两者之间的和谐共存。

在饮食习惯方面，厨房的设计和功能设置也受到了文化与生活习惯的影响。在一些国家，家庭聚餐是一种重要的社交活动，因此厨房往往设计得较大，并与餐厅相连，方便家庭成员之间的互动。而在另一些文化中，饮食习惯可能更加注重个人化，厨房的设计则更加注重功能性，配备多种烹饪工具和设备，以满足不同的饮食需求。

色彩不仅仅是视觉元素，更承载着文化的象征意义。在中国文化中，红色象征着幸福与繁荣，因此在家居设计中常常大量使用红色，尤其是在重要的节庆和庆典场合。而在西方文化中，冷色调（如蓝色和绿色）则常常被用来营造宁静与舒适的氛围，这反映了对心理舒适度的重视。

在空间装饰方面，各种文化习俗也体现在家庭的装饰风格上。某些文化喜欢使用传统的手工艺品、艺术品和家族照片来装饰空间，体现对历史和传承的重视。现代家庭则可能更倾向于极简主义的风格，通过简洁的线条和单一的色彩来营造出清新的生活空间。这种差异不仅反映了文化背景的不同，也显示了不同生活方式对空间的不同要求。

（二）科技进步与空间变革

生活对空间的塑造是一个复杂而多层面的过程，受到文化、社会、经济和科技等多种因素的影响。随着科技的不断进步，空间的功能、形态和使用方式也在悄然发生变化。这种变化不仅体现在建筑的设计与构造上，更深刻地影响着人们的生活方式和社会结构。

科技进步给空间的设计和利用带来了全新的可能性。在建筑领域，现代科技的应用使得建筑材料和施工工艺发生了革命性变化。传统建筑通常依赖于木材、砖石等自然材料，而如今，钢材、混凝土以及复合材料的广泛使用，不仅提高了建筑的结构强度和耐用性，还扩展了空间的形式与布局。大跨度的建筑设计和开放式空间布局，使得现代建筑能够实现更灵活的空间使用。许多商业办公楼采用开放式办公室设计，强调团队协作与沟通，这一切都得益于先进的建筑技术和设计理念。

智能家居系统的普及，使得居住空间能够更加便捷地适应居住者的需求。通过智能设备的控制，居住者可以在不同的时间、不同的环境中，随意调整灯光、温度和安全系统。这种智能化的空间管理，不仅提升了居住的舒适度，也让空间的使用变得更加高效。智能办公空间的兴起，充分利用数字技术实现工作流程的优化，提高了办公效率。这些变化反映了科技如何重新定义空间的功能和体验。

传统的零售店面正逐渐向体验式空间转变，商家通过虚拟现实（VR）、增强现实（AR）等技术，提供更加沉浸式的购物体验。消费者不仅仅是在购买商品，更是在参与一种互动和体验。这种变化促使商家重新思考空间的布局与设计，以适应新的消费行为和习惯。一些品牌在店内设置了体验区，让顾客可以亲身试用产品，提升顾客的参与感和购买欲望。

在城市公共空间的设计中，科技同样发挥着重要作用。随着城市化进程的加快，公共空间的功能和形式也在不断演变。科技的应用使得公共空间的管理和维护变得更加智能化。利用传感器和数据分析技术，可以实时监测公共空间的使用情况、环境质量等，从而进行精准管理和优化。城市中的智能交通系统、智能路灯、公共 Wi-Fi 等设施的建设，使得公共空间更加便捷和舒适，提高了市民的生活质量。

现代社会的快节奏生活，使得人们对空间的需求发生了显著变化。越来越多的人倾向于选择灵活多变的居住和工作空间，以适应不同的生活场景和工作需求。这种趋势促使设计师探索更多样化的空间解决方案，如多功能家具、可移动隔断等，以满足居住者的个性化需求。这种灵活性不仅提高了空间的使用效率，也使得居住环境更加符合现代人的生活方式。

在全球范围内，居家办公、在线学习等新兴趋势迅速崛起。这一切促使设计师重新审视居住空间的功能，强调家庭空间的多样性与适应性。如何将居住空间转变为一个既能满足工作需求又能提供舒适生活环境的场所，成为新的设计挑战。为此，许多住宅开始融入办公空间的元素，如设置专用的工作区或书房，以应对新的生活需求。

在这个过程中，环保和可持续发展也逐渐成为空间设计的重要考虑因素。科技的进步为绿色建筑和可持续设计提供了更好的解决方案，利用新型材料和能源技术，建筑师能够设计出既环保又节能的建筑。这些建筑不仅在空间上实现了更高的使用效率，也为居住者提供了健康舒适的生活环境。在这一背景下，生活对空间的塑造不仅体现在功能和形式的变化上，更在于对生态环境的尊重与保护。

第三节 住宅设计的基本原则

一、功能性原则

（一）空间布局合理

住宅设计的空间布局合理原则是确保居住环境功能性、舒适性与美观性的基础。在现代住宅设计中，空间布局不仅要满足基本的居住需求，还需考虑到居住者的生活习惯、家庭结构和未来的发展变化。下面将从多个方面深入探讨住宅设计中的空间布局合理原则。

功能分区是住宅设计的核心。合理的功能分区能够明确不同空间的用途，使居住者在日常生活中更加便利。一般而言，住宅应包括公共区域和私人区域两大部分。公共区域如客厅、餐厅和厨房，通常位于住宅的前方，便于接待客人和家庭成员的互动。私人区域如卧室和书房，则应位于住宅的后方或上层，以提供良好的私密性和安静的环境。功能区域之间的过渡设计也十分重要。设计师应通过巧妙的布局和空间处理，使得各个功能区之间能够自然过渡，避免生硬的隔断。

空间流线的设计至关重要。良好的流线设计能够有效减少居住者在空间中的移动距离，提高生活的便利性。在住宅设计中，流线应遵循“从公到私”的原则，公共空间与私人空间之间的流线应尽量简洁明了。从入口到客厅的流线应畅通无阻，厨房与餐厅之间的流线设计则应考虑到日常用餐的便利性。设计师在布局时，还应注意避免死角和拥挤的空间，确保居住者在活动时不会感到局促。

随着家庭结构和生活方式的变化，居住空间的功能需求也在不断演变。灵活性设计使得空间能够根据需要进行调整。开放式的客厅与厨房设计，不仅使空间看起来更为宽敞，也方便家庭成员之间的互动。使用可移动的隔断和多功能家具，可以有效提升空间的适应性，使其能够满足不同的生活需求。这样的设计理念使得居住者能够灵活地调整空间，适应不同的生活场景。

充足的自然光和良好的通风不仅能够改善居住环境的舒适度，还能提升空间的美观性。在布局时，应考虑窗户的位置、大小和朝向，以确保每个功能区域都能获得足够的自然光。设计师可以通过设计大窗户、阳台或天窗等方式，引入更多的自然光。合理的通风设计也能有效降低室内湿度，提高空气质量。通过确保居住空间的光线和通风条件，设计师能够为居住者创造出一个更加健康和舒适的生活环境。

现代家庭往往面临空间不足的问题，合理的收纳设计能够有效提高空间的利用率。设计师可以通过内嵌式储物柜、墙面书架和多功能家具等方式，充分利用垂直空间，实现有效的收纳。在布局上，应考虑到收纳空间与使用区域的合理距离，确保日常生活中的便捷性。在厨房和餐厅的设计中，合理规划的储物空间能够使厨房用具和餐具的存放更加方便，从而提升居住者的使用体验。

居住空间的设计应考虑到居住者的生活习惯和活动需求，创造出舒适的生活环境。客厅的沙发应与电视的距离合理，以提供良好的视听体验；餐桌的高度应符合家庭成员的使用习惯，以提升就餐时的舒适度。在卧室的设计中，床的位置应考虑到光线和噪声的影响，以确保良好的休息环境。通过对空间细节的关注，设计师能够有效提高居住者的生活质量。

在设计过程中，设计师应充分考虑居住空间与周围环境的关系，通过大面积的窗户、阳台和庭院等方式，将自然景观引入室内，增强空间的舒适感和美感。采用可持续材料和节能设计理念，能够有效降低对环境的影响，提升居住空间的可持续性。在布局中，设计师还应考虑到空间的灵活性，以适应未来的变化与发展，从而为居住者创造出一个持久、舒适的生活环境。

（二）动线设计流畅

住宅设计中的动线设计是确保空间使用效率和舒适度的重要环节。动线设计关注的是人们在居住空间内的移动路径，合理的动线设计能够有效提升居住体验，减少空间的浪费与拥挤感。动线的流畅性直接关系到居住者的日常生活，良好的动线设计能让居住者在空间中自如地活动，促进家庭成员之间的互动与交流。

动线设计的基本原则是以功能为导向，考虑到居住者的日常活动需求。住宅空间通常包含多个功能区，如客厅、厨房、卧室、卫生间等。设计时，需要充分考虑这些区域之间的关系，确保动线能够方便地连接各个功能区。合理的动线设计应避免交叉和干扰，厨房与餐厅之间应保持便捷的通道，以便于食物的传递和用餐的顺畅。设计师可以通过将相邻的功能区紧密布局，缩短动线长度，提高空间的使用效率。

现代住宅设计趋势强调开放式空间布局，通过减少墙体的隔断，增强空间的连通性。开放式的客厅和餐厅设计，不仅让空间显得更加宽敞，也便于家庭成员在不同区域之间自由移动。这样的布局能够有效提升视觉通透感，使居住者在空间中感到舒适和自在。开放式空间设计还促进了家庭成员之间的互动与交流，营造出一种温馨的家庭氛围。

宽敞的通道能够让居住者轻松通过，特别是在家庭聚会或有客人来访时，流畅的动线可以减少拥堵，提升空间的舒适度。在设计时，应考虑到不同功能区的使用频率，合理配置通道的宽度。比如，厨房与餐厅之间的通道可以稍宽，以便于在做饭时携带食材，避免不必要的摩擦与碰撞。

通过选择明亮的色彩和易于识别的材料，可以引导居住者的视线，增强空间的可读性。动线设计中，设计师可以利用不同的地面材质或色彩变化，明确标示出不同功能区的界限，同时保持整体风格的协调性。厨房区域可以采用耐磨的地砖，而客厅区域则可选择柔软的地毯，这样不仅使空间更具层次感，还能在视觉上引导居住者的移动。

合理的照明设计不仅可以提高空间的安全性，还能在视觉上引导居住者的动线。使用柔和且均匀的照明，可以营造出舒适的居住氛围，同时强调动线的清晰度。在关键的通道和转角处设置重点照明，能够有效地指引居住者的方向，避免因光线不足而导致的潜在危险。

在家庭中，成员的活动方式可能存在差异，儿童和老年人的活动范围和需求各不相同。在设计动线时，应尽量考虑到不同人群的需求，确保空间的普遍适用性。通过设定适合儿童的活动区以及老年人的安全通道，可以提升居住空间的舒适度和安全性。

在某些特殊功能区域的动线设计上，设计师还需注重隐私与安静。卧室和卫生间应设置相对独立的动线，以避免来自公共空间的干扰。在布局上，可以通过设置小走廊或隔断，确保卧室的私密性，同时又不妨碍家庭成员的正常流动。这种设计既能满足隐私需求，也能保持空间的流动性，提供良好的居住体验。

在住宅中，尤其是有儿童或老年人的家庭，设计时需考虑到可能的安全隐患。避免设置过于复杂的动线或过多的转角，以防止居住者在活动中受伤。确保通道的顺畅无障碍，避免在通道中放置多余的家具或装饰品，减少绊倒的风险。

随着家庭成员的变化，居住需求也会不断演变。随着孩子的成长，家庭活动的需求可能会发生变化，原本的动线设计可能不再适用。设计师应在设计中留有一定的调整空间，方便居住者根据实际需要进行改动。这种灵活性不仅可以增加住宅的使用寿命，也为居住者提供了更多的可能性。

二、美观性原则

（一）风格统一

住宅设计的风格统一原则在创建和谐、舒适的居住空间中至关重要。这一原则不仅影响空间的美观性，还直接关系到居住者的心理感受和生活品质。设计师在进行住宅设计时，应遵循风格统一的原则，以确保整体效果的协调与一致。下面将从多个方面探讨住宅设计中的风格统一原则。

明确设计主题是实现风格统一的基础。设计主题通常是指住宅所呈现的整体风格，如现代简约、传统中式、北欧风格或工业风格等。在设计初期，明确主题有助于为后续的空间布局、材料选择、色彩搭配以及家具配置提供指导。设计师应充分理解所选主题的核心元素和设计理念，确保在整个设计过程中始终围绕这一主题展开。通过对主题的清晰把握，能够避免在设计中出现风格的混杂，确保住宅整体风格的一致性。

不同的设计风格对空间布局有着不同的要求。在现代简约风格中，空间布局通常强调开放性和流动性，设计师可能会选择开放式的客厅和厨房，以增强家庭成员之间的互动。而在传统中式风格中，空间布局则更注重对称性和层次感，可能会设置独立的功能区域以营造更为典雅的氛围。在进行空间布局时，应充分考虑所选设计风格的特征，确保功能配置与整体风格相吻合。

在材料的选择上，风格统一原则同样不可忽视。不同的设计风格对材料的选择有着明显的偏好。北欧风格常用天然木材、轻盈的布艺和明亮的色彩，强调自然与舒适的感觉；而工业风格则偏向于混凝土、金属等粗犷的材料，展现出一种冷峻和现代的气息。在住宅设计中，设计师应根据选定的风格，选择与之相符的材料，避免在不同风格之间随意切换，以确保整体设计的统一性。

不同的设计风格通常具有独特的色彩特征。现代简约风格常使用中性色调，如白色、灰色和黑色，形成干净利落的视觉效果；而田园风格则倾向于使用柔和的自然色彩，如淡黄色、米色和绿色，以营造温馨舒适的氛围。在设计过程中，设计师应根据所选风格的色彩特点进行合理搭配，避免使用过多不同的色彩，以保持整体风格的协调性。

家具是居住空间的核心组成部分，其风格、材质和颜色直接影响到空间的整体氛围。在选择家具时，设计师应确保所选家具与设计主题相匹配。在现代风格的住宅中，简洁线条和功能性强的家具更为合适；而在古典风格的住宅中，雕花、复古的家具则能更好地展现空间的典雅气息。合理的家具配置不仅要考虑功能需求，还需注重与整体风格的一致性。

照明设计也是风格统一原则的重要组成部分。不同风格的住宅在照明设计上通常有着不同的要求。现代风格的住宅常采用简约而富有科技感的灯具，而传统风格的住宅则可能选用华丽的吊灯或壁灯，营造出温馨、典雅的氛围。在灯具的选择与布局上，应充分考虑空间的功能及整体风格，确保照明与空间氛围的统一。

在装饰品的选择上，风格统一原则同样需要重视。装饰品能够为空间增添个性与温馨感，但不当的装饰品选择可能导致风格的混乱。在设计时，设计师应挑选与整体风格相符合的艺术品、挂画、摆件等装饰，避免风格的冲突。在现代简约风格的空间中，装饰品应简约大方；而在传统中式风格中，可以选择一些具有文化气息的字画或工艺品，以增强空间的风格特征。

在设计中，细节往往决定了整体效果的成败。设计师应关注空间中的每一个细节，包括门窗的设计、地面的处理以及墙面的装饰等。这些细节元素应与整体设计风格保持一致，确保每一个角落都能体现出所选风格的特征。在田园风格的设计中，可以选择木质的门窗和自然纹理的地板，而在现代风格中，则可使用简约的金属或玻璃材料。

在住宅设计中，室外环境与室内空间的联系十分重要。设计师应考虑如何将室外环境的元素融入室内设计，以实现风格的统一。在沿海地区的住宅中，设计师可以通过使用海洋元素的装饰和配色，将室外自然环境的气息引入室内，从而形成更为和谐的整体氛围。通过室内外环境的协调，可以增强居住者对空间的归属感和认同感。

现代住宅设计越来越关注环保与可持续性，设计师应选择符合可持续发展理念的材料与设计方案。在保持风格统一的前提下，兼顾环保与美观，能够创造出既符合当代生活方式又具有美学价值的居住空间。这种设计理念不仅为居住者提供了舒适的生活环境，也展现出设计师对社会责任的关注。

（二）材料与色彩搭配

在住宅设计中，材料与色彩的搭配是影响空间美感和居住体验的重要因素。合适的材料选择和色彩搭配能够提升整体的视觉效果，增强空间的功能性和舒适度。设计师需要在多种材料和色彩之间进行综合考虑，以实现美学与实用性的完美平衡。

材料的选择直接影响到住宅的功能性和耐用性。不同的材料有着不同的物理特性，如强度、耐久性和易维护性。木材是一种温暖而富有质感的材料，常用于地板、家具和墙面装饰，但在潮湿的环境中容易变形；而石材则具有优良的耐久性和抗压性，适用于厨房台面和浴室，但相对较重且价格较高。在选择材料时，设计师需要充分考虑其适用性与环境的契合度，以确保所选材料能有效满足居住者的日常需求。

不同材料的纹理和触感能够传达出不同的情感和风格。比如，光滑的金属和玻璃材料能够营造出现代简约的感觉，而粗糙的天然石材和实木则传达出自然和温暖的氛围。设计师在搭配材料时应考虑整体的设计风格，以营造出统一和谐的空间感。在现代住宅中，往往会通过多种材料的组合来形成丰富的层次感，既能够满足视觉上的美感，也提升了空间的复杂性和趣味性。

在色彩搭配方面，首先需要理解色彩的基本原理。色彩具有心理影响力，不同的颜色能够引发不同的情感反应。温暖的色调（如红色和橙色）能激发活力与热情，而冷色调（如蓝色和绿色）则传达出宁静与舒适。在住宅设计中，选择合适的色彩组合不仅能影响居住者的情绪，还能影响空间的感知。在小空间中使用明亮的色彩可以增强空间的开放感，而在大空间中适当运用深色调可以使空间更加温馨和亲密。设计师需要根据空间的功能和居住者的个性化需求，选择合适的色彩组合。

色彩的搭配原则也非常重要。常见的搭配方式包括同色系搭配、对比色搭配和互补色搭配。同色系搭配可以创造出和谐统一的空间效果，而对比色搭配则能够营造出活泼、动感的氛围，适用于儿童房或娱乐空间；互补色搭配则能够形成鲜明的视觉冲击，使空间更具层次感和吸引力。在实际操作中，设计师可以运用色轮工具，帮助选择合适的色彩组合，从而实现理想的视觉效果。

在住宅空间中，色彩的使用应考虑空间的采光条件。自然光线的变化会影响颜色的表现，设计师需要根据空间的朝向和窗户的大小，选择适合的色彩。朝南的房间可以利用阳光的充足，使用冷色调而不显得阴暗；而朝北的房间则需要使用明亮的暖色调，以增加空间的温暖感。空间的功能也应影响色彩的选择，如在卧室中使用柔和的色调，以营造出宁静放松的睡眠环境，而在工作空间则可采用明亮的色调，以提升注意力和工作效率。

材料与色彩的搭配还应考虑到整体的设计风格。在现代简约风格中，设计师通常选择中性或单一色调，搭配自然质感的材料，以突显简约与功能性；而在乡村风格中，则可能运用温暖的色彩和自然的材料，以营造出舒适的乡土气息。通过在材料和色彩之间建立联系，设计师能够增强空间的整体感，使住宅在视觉上更加和谐统一。

在住宅设计中，细节的处理同样重要。小的细节如门把手、灯具、窗帘等，都可以通过材质和色彩的选择，丰富整体空间的表现。在现代简约的设计中，选择简洁的金属材质和低调的色彩，可以进一步提升空间的精致感。而在复古风格中，则可选用木质或陶瓷材质，搭配丰富的色彩和花纹，来增加空间的艺术性与个性化。

材料和色彩的搭配还应考虑到居住者的个性化需求与生活方式。不同的人对色彩和材质的偏好各异，设计师在与客户沟通时，应深入了解他们的喜好与生活习惯，从而提供个性化的设计方案。年轻家庭可能更倾向于明亮活泼的色彩，而老年人可能更喜欢柔和的色调。在设计过程中，充分考虑居住者的需求，可以提升空间的实用性与居住者的幸福感。

在当今社会，绿色设计越来越受到重视，选择环保材料和低 VOC（挥发性有机化合物）涂料，不仅有助于提高室内空气质量，还能为居住者创造一个健康的生活环境。设计师可以通过选用再生材料、天然材料及可持续生产的色彩涂料，来实现环保与美观的双重目标。

第四节 美学在住宅设计中的重要性

一、美学在住宅设计中的基本概念

（一）美学的起源与发展

美学是研究美、艺术及其相关现象的一门学科，其起源和发展经历了漫长而复杂的历史过程。从古代哲学的初步探索，到现代美学理论的丰富多样，美学始终与人类的文化、社会和历史紧密相连。

早在古希腊时期，哲学家们就开始关注美的本质和意义。柏拉图在其著作中提出了理想形式的概念，认为美是一种超越感官的理想存在。他的学生亚里士多德则更为具体地探讨了美的特点，认为美在于和谐与比例。亚里士多德的观点为后来的美学奠定了基础，强调了形式与内容之间的关系。

随着历史的发展，古罗马时期的美学继续沿袭和发展了希腊的思想。罗马人更注重艺术的实用性和社会功能，艺术被视为服务于公众的工具。在这一时期，建筑、雕塑和绘画等艺术形式得到了广泛的应用和传播，为后来的文艺复兴铺平了道路。

文艺复兴时期是美学发展的重要阶段。这一时期的艺术家和思想家如达·芬奇、米开朗琪罗等，通过对自然的观察和对人文主义的推崇，重新定义了美的标准。他们强调个体的价值和感性的体验，提出了自然与艺术之间的紧密联系。文艺复兴的美学强调了人的理性与感性相结合的审美观，极大地推动了艺术的创新与发展。

进入 17 世纪和 18 世纪，随着启蒙运动的兴起，美学逐渐形成了一套系统的理论体系。德国哲学家康德在其著作《判断力批判》中提出了“无利害的愉悦”这一概念，强调审美经验的主观性与普遍性。康德的理论影响了后来的许多美学家，尤其是在对艺术价值和审美判断的探讨上。

19 世纪是美学发展的又一高峰，随着工业革命的推进，社会变革带来了艺术观念的多元化。黑格尔提出了艺术的历史性和发展的辩证法，认为艺术是精神的表现形式，反映了不同历史阶段的文化特征。浪漫主义运动，强调情感与个体表达的重要性，推动了艺术从古典主义向更自由、更富表现力的方向发展。

进入 20 世纪，美学的领域不断扩展，尤其是随着现代艺术的兴起，传统美学理论面临新的挑战。表现主义、立体主义、超现实主义等艺术流派不断涌现，艺术的界限被不断重新定义。此时，哲学家（如海德格尔和德里达等）提出了关于美的非中心化和去结构化的观点，强调了艺术与社会文化的互动关系，质疑了传统审美标准的绝对性。

与此同时，心理学和社会学的发展也对美学产生了深刻影响。心理学家们研究了人的感知、情感与审美体验之间的关系，揭示了审美活动的心理机制。社会学家则关注艺术与社会、文化、权力之间的关系，探索了艺术如何反映和影响社会现实。

在当代，美学的研究呈现出更加多元和跨学科的趋势。随着全球化的加速，不同文化之间的交流与碰撞使得美学理论的体系更加丰富。后殖民主义、美学与生态学、性别研究等新的视角不断涌现，挑战着传统美学的理论框架。

美学不仅限于艺术领域，它在日常生活、设计、建筑等方面也发挥着重要作用。美的体验已经渗透到人们的生活中，影响着消费、审美选择和文化认同。美学的研究不仅是对艺术的探讨，更是对人类生存状态、社会关系和文化价值的深刻反思。

（二）美学在住宅设计中的应用

美学在住宅设计中的应用是一个重要的领域，涉及空间的布局、材料的选择、色彩的搭配以及光线的运用等多个方面。美学不仅关乎外观的吸引力，还影响着居住者的心理感受和生活品质。下面将从多个维度探讨美学在住宅设计中的具体应用。

空间布局是住宅设计的基础。合理的空间规划能够有效提高居住的舒适度和功能性。在美学上，开放式的空间布局常常被认为是现代住宅设计的一种趋势。这种设计通过去除传统的隔断，使得不同功能区能够自然衔接，营造出宽敞通透的感觉。客厅与餐厅的无缝连接，不仅提升了家庭活动的互动性，还增加了空间的流动性，使居住者在视觉和心理上都感受到舒适。

不同的材料在质感、色彩和视觉效果上各有千秋。在现代设计中，天然材料如木材、石材的使用越来越受到青睐。它们不仅带来温暖和亲切的感觉，还能有效地与自然环境相融合。与此同时，现代工业材料如玻璃和金属的运用则可以传达出简约和未来感。这些材料的搭配和使用，能够创造出不同的氛围，满足不同居住者的审美需求。

色彩不仅影响视觉效果，还能对居住者的情绪产生直接影响。选择适当的色彩方案能够营造出特定的氛围。温暖的色调（如米色、浅黄和浅橙色）常用于营造舒适和温馨的居住环境，而冷色调（如蓝色和灰色）则可以带来宁静和沉稳的感觉。在实际设计中，通常会运用配色理论来创造和谐的空间感，使各个区域之间的色彩能够相辅相成，增强整体的美感。

自然光的引入不仅可以节省能源，还能有效提高居住空间的质量。在设计中，合理布局窗户和天窗的位置，可以最大限度地引入自然光，使室内明亮而充满生气。人工照明的设计也不可忽视。通过不同类型的灯具和光源的组合，可以营造出不同的氛围，比如在阅读角落使用柔和的灯光，而在厨房和工作区则选择明亮而集中的光源。光线的变化使空间更加丰富，提升了整体的美学效果。

不同的设计风格如现代、传统、简约或田园风格，都会对住宅的整体感受产生深远影响。在一个住宅中，保持风格的统一可以增强空间的整体性和完整性，使各个区域之间形成良好的视觉连接。在选择家具和装饰品时，应考虑到整体的风格，使其在形状、材质和色彩上相互呼应，避免出现风格的冲突，从而提升住宅的美感。

无论是门把手、窗帘的选择，还是墙面装饰，细节都能影响整体的美学效果。高质量的细节设计能够体现出居住者的品位与生活态度，使住宅更具个性化。设计师在关注整体布局的同时也需要注重这些细节，通过巧妙的设计与搭配，使每一个元素都能为空间增色。

住宅设计的美学不仅限于视觉层面，听觉和触觉的体验同样重要。选择合适的材料和设计元素，能够在无形中影响居住者的感受。地板材料的选择不仅影响视觉效果，还会对行走时的触感产生影响。使用木质地板可以带来温暖的触感，而瓷砖则更易清洁，具有凉爽的感觉。住宅的布局和装饰也能影响声音的传播，使空间更加安静或活跃，提高居住者的生活质量。

在美学的视角下，环保材料的使用不仅符合现代人的价值观，同时也可以创造出独特的美感。比如，利用再生材料和绿色植物，不仅能提升空间的美观，还能改善空气质量，提升居住者的幸福感。这种设计理念的实现，使得美学与实用性得以兼顾，为居住者创造出更健康、更和谐的生活环境。

二、美学对住宅设计的重要影响

美学在住宅设计中扮演着至关重要的角色，它不仅影响居住空间的视觉效果和氛围，也直接关乎居住者的心理感受和生活品质。随着人们生活水平的提高，单纯的功能性已无法满足现代人对居住环境的需求，审美因素成为提升居住品质的重要考虑。

在住宅设计的初期，功能性往往被视为首要因素。设计师主要关注空间的实用性、结构的安全性以及材料的耐用性。随着社会的发展，尤其是城市化进程的加速，居住环境的美学价值逐渐受到重视。住宅不仅是居住的空间，更是人们情感寄托和生活方式的体现。美学在住宅设计中引入了一种新的视角，使设计者能够考虑居住者的感受、心理需求和生活习惯。

住宅的外观设计对于整个环境的影响不容忽视。建筑外立面的美观程度不仅影响到居民的心情，也影响到周围环境的和谐美。优雅的外观能够提升街区的整体形象，促进社区的凝聚力。在许多城市，优秀的建筑设计已经成为吸引游客和投资的重要因素。设计师通过运用不同的建筑风格、色彩搭配以及材料运用，使得住宅与自然环境、城市风貌相协调，从而创造出富有吸引力的居住空间。

室内设计不仅涉及家具的选择、空间布局，还包括光线、色彩和纹理的搭配。科学合理的室内布局可以提高空间的使用效率，而美学元素则提升了空间的舒适度和视觉享受。充足的自然光线和通风能够让室内空间更加明亮和宜人，同时也有助于居民的身心健康。通过使用柔和的色彩和舒适的材质，设计师能够创造出一个温馨、放松的生活环境，使居住者在家中感到安全和愉悦。

居住者的个性、兴趣和生活方式都应在设计中得到反映。通过个性化的设计，住宅不仅能满足基本的功能需求，还能体现居住者的生活态度和价值观。在一些现代住宅中，设计师会为居民提供可自由调整的空间，以适应不同的生活方式和社交需求。开放式的布局、灵活的隔断设计以及多功能的家具选择，都使得空间能够根据居住者的需求而变化，提升了居住的灵活性和舒适度。

美学设计还关注人与自然的和谐关系。在住宅设计中，越来越多的设计师开始重视自然元素的引入。通过大面积的窗户、阳台和庭院，将自然光和绿色植被引入室内，不仅能够提升空间的美感，还能够改善居住环境的质量。研究表明，接触自然环境可以有效降低压力，提高幸福感。现代住宅设计中越来越多地融入了景观设计的理念，使得居住者能够在家中享受自然的宁静与美好。

智能家居系统的引入使得居住环境更加人性化，居民可以通过简单的操作调整灯光、温度和音乐，创造出最适合自己的居住氛围。这种灵活的空间管理方式不仅提升了生活的便利性，也为美学设计提供了新的维度。通过技术与美学的结合，住宅设计的可能性大大扩展，使得居住空间不仅具有美感，还兼具现代生活的便利。

不同地区的历史、文化和传统在住宅设计中留下了深刻的烙印。设计师通过融合地方文化元素，设计出具有独特魅力的住宅，不仅让居住者感受到文化的认同，也为社区增添了丰富的内涵。这种文化上的美学追求，使得住宅不仅是一个居住的空间，更是一个承载文化记忆和情感的地方。

三、可持续设计的美学价值

（一）环保材料的美学特征

美学在住宅设计中扮演着重要角色，尤其是在选择环保材料时，其美学特征对设计效果有着深远的影响。环保材料不仅具备良好的实用性，还能在视觉和触觉上提升居住环境的品质。这种材料的美学特征不仅体现在外观上，还涉及材料的质感、色彩、纹理及其与自然环境的协调性。

环保材料的外观特征常常独具自然美感。许多环保材料如竹子、再生木材和天然石材等，保留了自然界的原始纹理和色彩。这种质朴的外观往往能给人以舒适和放松的感觉，使住宅空间更具亲和力。与传统合成材料相比，环保材料的独特纹理和自然色彩使得每一个设计都充满了个性与生机。比如，使用原木制成的家具，展现出木材自然的纹理和色泽，使整个空间显得温馨而自然。

环保材料的色彩特征同样需要关注。自然材料的色彩多为柔和、沉稳，能够与周围环境和谐融合。这种色彩特性使得住宅空间更易于营造宁静与舒适的氛围。比如，天然石材的灰色和米色调，与绿植或蓝天相搭配，能产生视觉上的平衡，给人以安定感。环保材料常常不会使用高饱和度的人工色彩，这样的设计理念符合现代简约的审美趋势，使得居住空间显得更加优雅和自然。

在触觉方面，环保材料的质感往往也能给居住者带来愉悦的体验。天然材料如木材、麻布和陶瓷等，具备独特的手感和温度感。触摸这些材料时，往往能感受到温暖和亲切，提升了居住者与环境之间的互动。这种质感使人们在视觉上感受到美，在情感上产生共鸣，促进了与空间的连接感。原木地板在行走时的温暖感和舒适感，能够使居住者感受到回归自然的愉悦。

环保材料在设计中的应用，往往还会涉及可持续发展的理念。可持续设计强调在美学与功能之间寻找平衡，追求长久的美而非短期的视觉冲击。环保材料通常来源于可再生资源，如竹子和再生木材，这既减少了对自然资源的消耗，也通过其独特的美学特征反映了对生态环境的尊重与关怀。在这样的设计理念下，环保材料不仅是一种物质的选择，更是一种生活态度的体现，强调人与自然和谐共处。

在住宅设计中，环保材料的美学特征还体现在其适应性与灵活性。不同的环保材料能够以多种方式进行组合和搭配，创造出丰富多样的设计风格。无论是现代简约、乡村田园，还是工业风格，环保材料都能融入其中，发挥其独特的美学效果。结合混凝土与再生木材，可以产生一种现代感与自然感相结合的独特视觉效果。这种设计上的灵活性，使得居住者可以根据个人的审美需求，创造出符合自身个性的空间。

天然材料如木材和石材，在不同光照条件下会呈现出不同的色彩和质感。光线的变化不仅增强了材料的立体感，也丰富了空间的层次感。在室内设计中，合理利用自然光和人造光源，可以最大限度地发挥环保材料的美学特征，使居住环境更加生动。经过阳光照射的木材，其纹理和色泽会显得更加温暖，使空间氛围更加宜人。

使用这些材料的住宅往往能够创造出更加健康的居住环境，降低有害物质的释放。天然漆料和无毒黏合剂减少了室内空气污染，在视觉上带来一种清新自然的感觉。这种环保意识的美学价值，不仅关乎材料本身，更与居住者的生活品质和健康息息相关。

许多环保材料的使用背后，蕴含着丰富的地域文化和传统工艺。比如，使用当地生产的天然石材或陶瓷，不仅能够保持建筑与环境的和谐，还能反映出地方文化的独特魅力。这种在设计中融入文化元素的做法，使得住宅不仅仅是居住的空间，更成为文化与历史的承载体，提升了居住者的认同感与归属感。

（二）自然元素在设计中的应用

美学在住宅设计中的重要性不可小觑，尤其是自然元素的运用为居住空间增添了独特的魅力和深度。随着人们生活水平的提高，住宅不仅仅是一个居住的地方，更是生活质量和美好体验的体现。在这一背景下，融入自然元素的设计理念越来越受到重视，成为提升居住品质的重要方式。

自然元素在住宅设计中的应用，首先体现在空间布局上。设计师通常会考虑如何利用自然光线、空气流动和景观视野来优化室内环境。通过大面积的窗户和开放式布局，自然光得以充分进入室内，营造出温暖、明亮的氛围。这既能降低能源消耗，还能有效愉悦居住者的心情，提高居住者的生活质量。科学研究表明，自然光对人的情绪有积极的影响，充足的光照能够降低抑郁感，提升整体幸福感。

在空间设计中，自然元素的引入也体现在材料的选择上。使用天然材料如木材、石材和竹子等，不仅能提升空间的美感，也能让居住者感受到自然的气息。木材的温暖质感和独特纹理为空间增添了自然的韵味，而石材的坚固和耐用性则为住宅提供了安全感。这些天然材料在视觉和触觉上都能给人以舒适的体验，使居住者在家中感受到自然的亲和力。

室内植物不仅能美化空间，还能改善空气质量，有助于居住者的身心健康。通过在室内引入植物墙、盆栽或小型庭院等设计，能够创造出一个与自然相连的生活环境。植物的存在可以吸收二氧化碳，释放氧气，同时它们的绿色和生机也能带来视觉上的舒适感，缓解压力和焦虑。许多现代住宅设计者开始在空间中设置绿色角落，利用植物与家具的搭配，创造出一种生动、和谐的居住环境。

景观设计也是自然元素应用的重要方面。在住宅的外部空间，设计师通常会考虑如何将建筑与周围环境融合。通过合理的景观设计，如庭院、花园和水景等，能够增强住宅的美感和舒适度。设计师往往选择本地植物，以适应当地的气候和土壤条件，在减少维护成本的同时也能增加生态效益。这种融合自然的设计理念，让居住者享受到更美好的景观，也有助于促进生物多样性，改善生态环境。

与自然元素结合的设计还可以通过水的运用来实现。水景如喷泉、池塘或小溪，不仅为住宅增添了视觉上的美感，也能营造出宁静、舒缓的氛围。水的流动声音能够掩盖城市的喧嚣，创造出一个放松的空间。在设计中，合理的水景配置可以成为室外空间的焦点，吸引居住者在此聚集，增进邻里关系和家庭互动。

许多现代住宅设计开始重视庭院、阳台和露台等户外空间的功能，力求将室内外生活无缝连接。通过使用自然材料、舒适的家具和适宜的绿植，户外空间可以成为家庭活动和社交的场所。设计师在这些空间中常常融入烧烤区、休闲区和游泳池等功能，提升了居住者的生活品质。

现代住宅设计越来越强调可持续性，通过使用环保材料、节能技术和水资源管理系统来减少对自然环境的影响。雨水收集系统可以用于灌溉花园，而太阳能电池板则能为住宅提供可再生能源。这些环保措施不仅符合现代人对可持续生活的追求，也使居住环境与自然形成良性循环。

从心理学角度来看，自然元素在住宅设计中的应用对居住者的情绪和心理状态也有显著影响。研究表明，与自然环境的接触能够降低压力、提高注意力和认知功能。自然光、绿植和水景等元素的存在，能够帮助人们在快节奏的生活中找到内心的平静。设计师通过精心布局和细致的细节设计，使得居住者在家中享受到自然的治愈力量，提升生活的满意度。

随着科技的发展，虚拟现实和增强现实等新技术也为自然元素在住宅设计中的应用提供了更多可能性。设计师可以通过这些技术展示不同的设计方案，帮助客户更好地理解自然元素的布局和效果。这种创新的设计手段提升了设计的灵活性，居住者提前感受到自然元素融入生活空间后的变化。

第二章　空间布局的美学

第一节　功能区域的设计原则

一、动线规划

在住宅设计中，功能区域的设计原则和动线规划是提高空间使用效率和居住舒适度的重要因素。良好的功能区域设计能够确保各个区域的合理布局，使居住者在日常生活中能够更加方便、流畅地使用空间。动线规划则是通过合理安排空间的布局和流动方式，优化居住者的活动路线，从而提高整体的生活质量。

功能区域的设计需要充分考虑居住者的生活习惯和需求。不同的家庭类型和生活方式对空间的要求不同，因此在设计时应以居住者的实际需求为出发点。对于有孩子的家庭，儿童活动区和父母休息区的分隔尤为重要，以确保孩子的安全和父母的宁静。开放式厨房与餐厅的设计可以增加家庭互动的机会，满足现代家庭的社交需求。通过对居住者日常活动的分析，合理配置功能区域，能够提高空间的使用效率。

动线是指人在空间中移动的路径，其合理性直接影响到居住者的使用体验。在动线规划中，应考虑到空间的流动性和便捷性。在设计厨房、餐厅和客厅时，应确保这些区域之间的动线畅通无阻，使得烹饪、就餐和社交活动可以顺畅进行。通常，厨房与餐厅的距离应尽量缩短，避免不必要的移动。在开放式设计中，使用岛台或吧台可以有效连接厨房与餐厅，增加互动性和流动性。

除了空间布局，动线规划还涉及人们在各个区域内的活动方式。设计时应充分考虑到每个功能区域内的主要活动，如烹饪、用餐、休闲等，并根据这些活动确定动线。在厨房内，动线应尽量减少，从冰箱到操作台，再到水槽的距离应尽量缩短，这样可以提高烹饪效率。在客厅区域，沙发和茶几的布置应留出足够的通道，以方便人们在空间中自由走动，避免拥堵。

良好的过渡设计能够使空间的切换更加自然，避免突兀感。从客厅过渡到阳台时，可以通过使用相似的材料或色彩，创造出视觉上的连贯性。通过设置适当的门口、拱形通道或是低矮的隔断，可以明确区域的划分，同时又不影响空间的开放感和流动性。这种设计不仅提升了空间的美观性，还增强了使用的便利性。

在动线规划中，私密性与开放性之间的平衡也需要关注。不同功能区域的私密性需求各异，如卧室和卫生间需要较强的私密性，而客厅和餐厅则更倾向于开放和互动。在布局时，应根据功能区域的性质合理安排动线。卧室与公共区域之间可以通过走廊或小门进行隔离，确保居住者的私密性。在设计时应避免将私密空间置于动线的主要路径上，以免造成干扰。

设计时应考虑到无障碍动线的需求。特别是在多代同堂的家庭中，老年人和儿童的活动需要更多的安全性和便利性。在设计中，应尽量避免使用楼梯和复杂的转弯，尽可能设计为平坦的通道，确保各个区域间的无障碍连接。宽敞的走廊和门口也有助于轮椅或推车的通行，提升空间的包容性。

随着家庭成员的变化和生活方式的转变，空间的功能需求也会随之改变。在设计时应留有适当的空间余地，以便于将来的调整。书房可以设计成一个多功能区域，未来可根据需要转变为儿童游戏区或客房。在动线规划上，也应留出调整的可能性，以适应不同的生活需求。

在技术方面，智能家居系统的应用也可以优化功能区域的设计和动线规划。通过智能设备的设置，可以实现自动化控制，提高空间的使用便利性。在厨房和餐厅之间可以设置智能灯光，根据人们的活动自动调整光线强度和颜色，使空间更加舒适。智能音响系统的集成也可以增强家庭的互动性，让居住者在不同区域之间无缝切换，提升生活的便利性。

在动线规划中，合理安排窗户和阳台的布局，可以最大化自然光的引入，提升空间的明亮感。良好的通风设计不仅有助于室内空气流通，还能改善居住者的生活品质。在布局上，应尽量避免将高大家具放置在窗前，以免影响视野和采光，使空间显得更为封闭。

色彩、材质和风格的统一能够提升空间的美观性，使居住者在使用过程中感受到愉悦。设计师在进行布局时，应综合考虑各种因素，确保每个区域都能在功能和美学上达到最佳平衡，创造出既实用又美观的居住环境。

二、灵活性与多功能性

功能区域的设计原则是城市规划和建筑设计中不可或缺的重要部分。灵活性和多功能性是现代设计理念的核心，它们不仅提高了空间的使用效率，也提高了人们的生活质量。在城市日益发展的背景下，如何有效地利用有限的空间，实现灵活多变的功能区域设计，成为设计师面临的一大挑战。

灵活性是指空间在使用和布局上具备适应性，可以根据不同的需求进行调整与变化。在设计功能区域时，设计师应考虑到使用者的多样化需求，从而创造出既能满足当前需求又能适应未来变化的空间。办公空间可以通过可移动的隔断和灵活的家具布局，实现从个人办公到团队协作的多种使用方式。这种灵活性使得空间在不同的工作模式下都能保持高效，最大限度地利用了资源。

多功能性则强调空间的综合利用，使其能够承载多种活动。这一原则在城市公共空间、商业区及住宅设计中尤为重要。一个社区中心不仅可以作为居民的聚集地，还可以承办文化活动、市场、健身课程等。这种多功能设计能够有效地提高空间的利用率，减少闲置和浪费。在设计时，考虑到不同活动的需求，可以在空间中设置可移动的家具、可折叠的设施以及多样化的功能区域，使得同一空间可以在不同时间段和场合下灵活使用。

在灵活性与多功能性的设计中，空间的布局至关重要。开放式布局通常能够增强空间的流动性，使其更易于根据需求进行重新配置。开放空间可以促进人际交往，提高互动的机会，从而增强社区的凝聚力。适当的分区设计也能满足不同活动的需求，确保不同功能区域之间的和谐共存。设计师应关注空间的视觉联系与功能联系，使得各个区域能够自然过渡，形成整体性。

充足的自然光不仅能提高空间的舒适度，还能提高使用者的工作效率。通过大面积窗户、天窗等设计，能够最大限度地引入自然光。合理的通风设计则能够确保空气流通，使空间保持清新和宜人。这些设计原则在灵活性与多功能性的实现上起到了重要的辅助作用。

在设计灵活多功能空间时，材料的选择也非常关键。使用轻质、可移动的家具可以方便空间的重新配置。设计师可以选择模块化的家具，这类家具可以根据不同的活动需求进行组合与拆分，极大地提升了空间的适应能力。耐用且易于维护的材料能够延长空间的使用寿命，降低后期维护成本。

技术的进步为灵活性和多功能性设计提供了新的可能。智能家居和办公系统的引入，使得空间的管理与使用更加高效。智能照明系统可以根据活动类型自动调节亮度和色温，创造出最佳的使用环境。移动应用程序也能帮助用户随时调整空间设置，满足个人化的需求。这些技术的运用，进一步提升了功能区域的灵活性和多功能性，增强了用户体验。

在公共空间的设计中，灵活性和多功能性同样至关重要。设计师可以创造出适合多种活动的环境，比如，市场、展览、演出等。设置适宜的设施与服务，如座椅、垃圾桶、洗手间等，能够提升公共空间的使用体验。这种综合考虑能够吸引更多的使用者，促进社区的活跃度与参与感。

在住宅设计中，灵活性与多功能性的原则同样适用。客厅可以设计成可转换的空间，既可以用于家庭聚会，也可以作为临时的工作区。卧室则可以配备可折叠的家具，使得小空间能够在白天与夜晚之间灵活切换。灵活的储物解决方案也能提高空间的利用率，帮助用户更好地管理物品，使得居住环境更加整洁有序。

考虑到未来的可持续发展，灵活性与多功能性的设计原则也应与环保理念相结合。在设计功能区域时，可以优先选择可再生材料，设计节能的空间布局，以及考虑空间的长期适用性。通过这种方式，既能实现功能区域的灵活性与多功能性，又能对环境产生积极的影响。

第二节　流线型设计的运用

一、流线型设计的基本概念

（一）流线型设计的定义

流线型设计是指通过平滑、连续的线条和形状，创造出流畅、自然的空间感和视觉效果，常用于建筑和室内设计中。

（二）流线型设计的特点

流线型设计是一种以流动和动感为核心理念的设计风格，广泛应用于建筑、工业设计、交通工具和产品设计等多个领域。流线型设计以其优雅的曲线和动态的形式，旨在创造出既美观又功能性的作品。下面将从多个方面探讨流线型设计的特点及其在实际应用中的价值。

流线型设计的核心特点在于其优雅的曲线和形态。与传统的直线和方形设计不同，流线型设计强调自然流畅的线条，这些线条不仅美观，更能传达出运动的感觉。流线型汽车的外观往往呈现出流动的姿态，能够降低空气阻力，提高行驶速度。这种设计理念不仅体现在车辆的外形上，也影响到内部空间的布局，使得车内环境更加人性化和舒适。

通过流畅的曲线和渐变的形状，流线型设计能够有效引导观众的视线，形成连续的视觉体验。这种设计手法可以让空间或物体看起来更加生动，赋予其生命力。在建筑设计中，流线型的外立面能够增强建筑的表现力，使其在城市环境中脱颖而出，吸引人们的注意。

其设计往往不仅追求外观的美感，更注重物体在使用过程中的实用性。在产品设计中，流线型的外形能够提供更好的手感，增加握持的舒适度，同时减少不必要的摩擦和阻力。流线型的家具设计不仅使得家具看起来更具现代感，还能使其更符合人体工学，提升使用者的舒适体验。

在环境适应性方面，流线型设计能够有效应对外部环境的变化。流线型的外形设计通常能有效减少风阻和水阻，使得设计作品在各种环境条件下都能保持良好的性能。在建筑设计中，流线型的外立面可以更好地抵御风力，减少对建筑物的侵蚀。在交通工具设计中，流线型的外形能够减少燃油消耗，提高动力效率，从而实现更高的经济性和环保性。

流线型设计的起源可以追溯到20世纪初，随着科技的进步和材料的创新，流线型设计不断演变，融入了更多现代元素。这种设计风格强调与时俱进，充分利用新材料和新技术，推动了各个领域的创新与发展。现代航空器的流线型设计不仅关注外观的美感，更融合了空气动力学原理，使得飞机在飞行中能够实现更好的性能。

在文化和社会背景的影响下，流线型设计还承载了时代的审美观念。20世纪初至中期，流线型设计的兴起与现代主义运动密切相关，这一时期追求简约、功能性和美观的结合，流线型设计正是这一理念的体现。通过对流线型设计的研究，可以更好地理解不同时代的设计风格和社会心理。

在建筑设计中，流线型的布局能够将不同功能区有机地结合在一起，形成自然的过渡。这种设计手法使得空间利用更加高效，居住者在不同区域之间的活动更加顺畅。在流线型的公共建筑设计中，开放的空间布局和流畅的动线规划使得人们在空间中自然而然地移动，增加了人际互动的机会。

随着环保意识的增强，流线型设计越来越多地考虑到材料的可持续性和能效。在建筑设计中，流线型的外形可以改善建筑的能耗表现，还能最大化利用自然光，减少人工照明的需求。在交通工具设计中，流线型的车身设计能够降低油耗和排放，符合现代社会对环保的追求。

在产品设计中，流线型设计的应用极为广泛。从日常家居用品到高科技设备，流线型的外观既能提升产品的市场竞争力，也能改善用户的体验。许多家电产品采用流线型设计，以提升其视觉美感，同时减少体积，便于在家庭环境中布局。这种设计理念使产品更具吸引力，提升了用户的操作便利性。

流线型的曲线往往能够传达出优雅、动感和轻盈的情绪，营造出积极的使用氛围。

在家居环境中，流线型的家具和装饰品能够为空间带来活力，使居住者感受到舒适与放松。在商业空间中，流线型的设计元素可以提升品牌形象，使消费者在使用过程中感受到品质与创新。

无论是在形状、色彩还是材质的选择上，流线型设计都要求设计师具备敏锐的观察力和创造力。通过对细节的精准把握，流线型设计能够在美学和功能之间取得良好的平衡，从而创作出更具吸引力和实用性的设计作品。

二、住宅空间的流线型布局

住宅空间的流线型布局是一种注重空间功能与人性化体验的设计理念，旨在通过合理的空间布局和流动动线提升居住者的生活品质。这种布局方式强调空间的开放性和连通性，促进居住者在不同功能区域之间的自由活动，使得整个居住环境更加舒适和高效。

流线型布局的核心在于动线的设计。在住宅设计中，动线通常分为主流线和次流线。主流线是指人们日常生活中频繁使用的动线，如从入口到客厅、餐厅再到厨房的路径。这条动线应简洁明了，避免复杂的转弯和不必要的障碍物。合理的主流线布局可以减少居住者在日常生活中的走动距离，提高空间的使用效率。

次流线则是指在主流线之外，连接各个功能区域的次要路径。这些路径的设计同样重要，因为它们可以引导居住者在不同空间之间灵活移动，同时为居住者提供更多的选择。在设计次流线时，考虑到空间的整体协调性和连贯性，可以让居住者在家中感受到更好的流动体验。

在流线型布局中，开放式设计逐渐成为主流趋势。传统的住宅布局往往采用封闭的房间设计，使得各个空间之间的联系显得疏远。而开放式设计则通过打破墙壁，将客厅、餐厅和厨房等功能区域融为一体，创造出更为宽敞和通透的空间感。开放式布局不仅提升了空间的视觉效果，还增强了家庭成员之间的互动，尤其是在日常活动中，居住者可以更方便地沟通和交流。

设计师可以利用挑空、半层等设计手法，创造出富有层次感的居住环境。这种设计不仅能提升空间的视觉吸引力，也能使居住者在不同的高度和视角体验到居住空间的丰富性。在空间设计中，合理的层次变化能够使人感到更为舒适，并提升整体的空间感。

充足的自然光和良好的通风是提升住宅舒适度的重要因素。在布局设计中，设计师应优先考虑窗户和开口的设置，使得自然光能够均匀地照射到各个功能区域。合理的通风设计能够保持室内空气的新鲜度，为居住者提供更健康的生活环境。在流线型布局中，通过大面积的玻璃幕墙、落地窗等设计，可以最大限度地引入自然光和景观，增强空间的亲和力。

在功能区域的划分上，流线型布局也强调功能的相对独立与有机结合。各个功能区应根据居住者的生活习惯进行合理布局，卧室与客厅之间应保持一定的距离，以保证私人空间的宁静。厨房与餐厅的紧密联系则可以提高生活的便利性。设计师在进行空间布局时，应充分考虑居住者的生活方式和活动规律，使得各个功能区域的设计既独立又相互关联，形成一个和谐的整体。

家具的布局应与动线相协调，避免造成空间的阻碍。在客厅中，沙发的摆放应使人们能够自然地交流，而茶几的位置则应确保流线的顺畅。合理的家具配置可以提高空间的使用效率，并使居住者在家中感受到舒适与自在。选择可移动的家具能够为空间带来更大的灵活性，居住者可以根据需要随时调整家具的摆放，满足不同场合的需求。

通过优化空间布局，减少不必要的浪费，实现资源的高效利用，是现代住宅设计的重要目标。设计师可以运用节能材料、智能家居技术等手段，提高住宅的能源利用效率。在流线型布局中，充分考虑自然通风和采光，不仅能提升居住舒适度，也能降低能源消耗，从而实现可持续发展的目标。

在住宅设计中，既要考虑内部空间的流动性，还要关注与外部环境的联系。合理的户外空间设计，如阳台、花园和庭院等，可以为居住者提供更多的活动空间，增强与自然的亲密感。通过在住宅设计中融入绿色空间，可以有效提升居住者的生活质量，使得整个居住环境更加和谐。

第三节　开放式布局与私密性空间的平衡

一、开放式布局的优势

（一）促进社交互动

开放式布局是一种近年来在住宅和商业设计中逐渐流行的空间设计理念。这种设计通过打破传统房间的隔断，创造出一个宽敞、灵活的空间环境，增进人们之间的互动和交流。开放式布局不仅提升了空间的功能性，还在社交互动方面具有显著优势。

在传统的房间设计中，墙壁的存在往往阻碍了视线的交流，使得不同区域之间的联系显得疏离。而在开放式布局中，空间的开放性使得居住者能够轻松地看到整个区域，增加了人与人之间的接触机会。这种视觉上的连通性能够有效减少孤立感，让家庭成员或同事在空间中感受到彼此的存在，从而激励他们进行更多的互动和交流。

在家庭环境中，开放式设计让厨房、餐厅和客厅融为一体，打破了传统上厨房与其他生活空间之间的隔离。这种布局使得在厨房忙碌的人能够轻松参与到家庭的聚会和社交活动中，而其他家庭成员也能随时与他们交流，增进感情。家长在准备餐食时，孩子们可以在旁边玩耍或帮助，这种互动不仅增强了家庭氛围，还提高了亲子关系的亲密度。

设计师可以根据空间的实际使用情况，灵活安排家具和活动区域。在一个开放的客厅中，可以轻松设置不同的区域，用于休闲、娱乐、工作等活动。这样的灵活性使得空间可以根据不同的社交活动进行调整，适应不同人数和需求的聚会。这种多功能性也能够减少空间的闲置，使其在日常生活中得到更充分的利用。

除了功能性的灵活性，开放式布局还能够营造更轻松、愉快的社交氛围。与封闭空间相比，开放的环境通常让人感到更加放松，能够降低心理上的隔阂。这种环境使得人们在进行社交活动时能够更自如地交流，无论是与朋友聚会还是与家人共享时光，开放式布局都能为良好的社交体验提供支持。在这样的环境中，人们更容易放下心理防备，展开更深层次的对话，增进彼此之间的理解和信任。

在现代社会，许多人生活在快节奏的环境中，开放式布局提供了一种缓解压力的空间形式。开放的设计让人们感受到宽敞与自由，使得家庭成员在繁忙的生活中能够找到相互陪伴的机会。无论是家庭聚会、朋友的到访，还是日常的晚餐时光，开放式布局都能为人们提供一个轻松愉快的环境，进行更加深入的社交互动。

开放式布局还可以引入更多的自然光线和空气流动，增强空间的舒适度。这种舒适的环境有助于提升居住者的情绪，使他们更愿意在这样的空间中交流。通过大窗户和通透的设计，开放式布局能够有效地将室外景观引入室内，为居住者创造一个与自然紧密相连的生活环境。在这样的环境中，人们的社交活动往往更为自然、轻松，能够促进良好的沟通和互动。

尽管开放的环境有助于提升互动，但如果空间规划不合理，噪声和混乱也可能影响到社交体验。在设计时需要合理安排功能区域和动线，确保各个区域之间的协调与平衡。设置合适的家具和隔断，如沙发、书架等，可以在保持开放感的同时创造出适宜的社交氛围和个人空间。

（二）空间感与采光

开放式布局作为现代住宅和公共空间设计中的一种流行趋势，凭借其独特的空间感和采光优势，受到了越来越多设计师和居住者的青睐。这种布局方式打破了传统房间的分隔，使得各个功能区更加流畅和灵活。通过分析开放式布局的空间感与采光优势，可以更深入地理解其在现代设计中的重要性。

开放式布局极大地提升了空间感。在传统的布局中，墙壁和隔断将各个功能区域分割开来，使得空间显得相对封闭，缺乏整体性。而开放式布局通过减少隔断，创造出一个连贯的空间，使得居住者能够在视觉上感受到更大的空间。这种连通性不仅打破了房间之间的界限，还让人在使用空间时能够更加自由。在开放式的客厅和餐厅设计中，居住者可以轻松地从一个区域移动到另一个区域，增强了空间的流动性和交互性。

在这种布局下，各个功能区并不是固定不变的，可以根据居住者的需求进行调整。家庭聚会时，开放式的厨房与客厅可以无缝连接，便于亲友间的互动和交流。而在日常生活中，居住者可以通过家具的重新排列和布置，随时调整空间的功能，使其更符合个人生活方式的变化。这种灵活性使得开放式布局特别适合现代家庭的需求，满足了人们对空间使用多样性的追求。

开放式设计通常使用大面积的窗户和透明的隔断，最大限度地引入自然光。充足的自然光不仅可以改善室内的照明条件，还能营造出更加舒适和愉悦的居住环境。良好的采光使得室内空间显得更加明亮、开阔，能够有效提升居住者的心理舒适感。在开放式布局中，光线的流动性更强，不同区域之间的光线相互渗透，减少了阴影和昏暗的死角，使空间显得生动而有活力。

在传统布局中，由于隔断的存在，很多房间可能需要额外的照明设备来补充光线。而在开放式布局中，天然光的引入使得居住者在白天不再依赖人工照明，从而降低了能耗，提升了空间的环保性。这种设计理念不仅符合现代可持续发展的趋势，也为居住者节省了电费支出。

在心理层面，开放式布局带来的空间感和采光优势还能够促进家庭成员之间的互动。封闭的空间往往让人感到孤立，而开放式的布局能够拉近家庭成员之间的距离。居住者可以在同一个空间中相互交流，分享日常生活的点滴，增强了家庭的凝聚力。这种设计非常适合现代快节奏的生活方式，使得家成为一个充满温暖和交流的场所。

在开放式布局中，设计师还可以通过不同的空间划分来创造视觉焦点。通过使用不同材质的地面或改变天花板的高度，可以在视觉上划分出不同的功能区，而无须实际设置隔断。这种方式不仅保持了空间的开放性，也能够为居住者提供一定的隐私感。在开放式的办公空间中，可以通过不同的家具配置或绿植的摆放，形成独立的工作区域，从而在提高工作效率的同时保持整体的流畅性。

居住者可以在这样的空间中自由选择色彩和装饰风格，通过统一的色调或材料来营造整体的和谐感。开放式设计的连贯性使得不同区域之间的装饰元素能够相互呼应，增强了空间的整体性和美感。通过在客厅和餐厅中使用相似的颜色和材料，能够使整个空间看起来更加协调，营造出一种舒适而温馨的氛围。

二、私密性空间的重要性

（一）提供个人隐私

私密性空间在现代生活中扮演着至关重要的角色，尤其是在快速变化的社会环境中。随着城市化进程的加速，人们的生活和工作空间日益拥挤，私密性空间的重要性越发凸显。个人隐私不仅关乎个人的心理健康与幸福感，更影响到人际关系、家庭和社会的稳定。

私密性空间为个体提供了一个逃离外界压力的庇护所。在现代社会中，工作和生活的节奏不断加快，外界的干扰和压力随之增加。人们常常需要一个安静、舒适的空间来放松身心，进行自我反思和思考。私密性空间的存在使得个体能够在繁忙的生活中寻找到一个属于自己的角落，在这里可以自由表达情感、思考问题，恢复内心的平静。这种独处的时间对于心理健康至关重要，能够有效降低焦虑和压力，提高生活的满意度。

在这个信息化高度发达的时代，个人隐私面临着前所未有的挑战。社交媒体、智能设备等技术的普及使得个人信息更易被分享和泄露。在这样的背景下，拥有一个能够保证隐私的空间变得尤为重要。私密性空间提供了一个保护个人信息的屏障，使个体能够自由地进行私人活动而不必担心被外界窥探。在家庭环境中，卧室、书房等私密空间可以成为人们处理个人事务、进行深度思考和沟通的重要场所，保障个人隐私不被侵犯。

良好的人际关系需要建立在相互尊重和理解的基础上，而这一切往往离不开私人空间的保护。家庭成员之间、朋友之间，甚至同事之间，都需要一定的私密空间来处理个人事务和情感。在家庭中，父母与孩子之间的私人交流空间，能够增强家庭成员之间的信任与亲密感。与此同时，适当的个人空间能够减少冲突的发生，使得家庭关系更加和谐。在朋友和伴侣之间，拥有各自的私密空间同样能够让彼此保持独立，增强对关系的珍视。

在住宅设计中，私密性空间应该被合理规划，以确保每个家庭成员都有自己的私人区域。卧室应远离公共活动区域，以减少噪声干扰。设计师可以通过使用隔音材料、隐蔽的家具布局等手段，增强空间的私密性。

随着人们对隐私保护意识的增强，私密性空间的需求也在不断上升。在居住环境中，越来越多的人开始重视空间的隐私设计。智能家居系统的引入，使得人们可以通过智能锁、监控等设备保障家庭的安全与隐私。在选择居住空间时，许多人会考虑到周边环境的安静程度、邻里关系的融洽程度等因素，以确保自己在生活中能够拥有足够的私密性空间。

在某些文化中，个体的隐私被视为重要的价值观，家庭成员之间和朋友之间的互动往往建立在尊重个人空间的基础上。随着全球化进程的加快，各种文化的交融使得人们对私密性空间的认识逐渐提高，越来越多的人开始重视保护个人隐私。

在心理健康方面，私密性空间的作用也逐渐被广泛认同。心理学研究表明，拥有个人空间能够促进个体的自我认同与自我价值感，减少抑郁和焦虑的发生率。在私密空间中，人们能够自由表达情感，进行自我反思和情感宣泄，这一过程对心理健康的维护至关重要。设计合理的私密性空间不仅能够满足人们对隐私的需求，也能为心理健康提供支持。

（二）功能与安全的保障

功能性是私密性空间设计中的一个重要方面。在现代建筑设计中，私密性空间的功能需求常常包括阅读、工作、休息等。通过合理的布局和设计，能够有效提高空间的使用效率。在家庭办公室中，设计师可以通过隔断或书架来创造私密的工作区域，使得人们在工作时能更专注，不受外界干扰。这样的设计不仅提高了工作效率，还能使个体在完成工作后享受到放松的空间。

私密性空间的安全保障也是其重要性的一部分。现代社会中，个人隐私安全日益受到关注，私密空间的设计需要考虑到安全性的问题。在住宅设计中，卧室和卫生间等私密空间的布置应当远离公共区域，并通过合适的门锁和安全措施来保障个人安全。

随着智能家居和数字化生活的普及，用户的数据安全和隐私保护变得尤为重要。设计师在创建私密空间时，应考虑到技术与安全的结合，通过合理的网络安全措施和智能设备的使用，提升空间的安全性和私密性。智能门锁和监控系统能够有效防范外部入侵，同时保护家庭成员的隐私。

私密性空间的设计不仅要考虑功能与安全，还需要重视空间的氛围营造。通过适当的色彩、材料和布局，可以创造出温馨舒适的环境，使个体在其中感受到放松和宁静。设计师可以运用柔和的色调、舒适的家具和适宜的照明，来增强空间的私密感和归属感。在卧室设计中，使用暖色调的灯光和柔软的布艺，可以营造出温馨的氛围，让人们在一天的忙碌后感受到舒适的休息空间。

在多元化的生活环境中，私密性空间的需求也呈现出多样化的趋势。不同的人群和文化背景对私密性的理解和需求各不相同。设计师需要深入了解用户的需求，以提供个性化的私密空间解决方案

第四节　空间比例与尺度的掌握

一、空间比例与尺度的基本概念

（一）空间比例的定义

空间比例是指在设计和建筑中，各个空间元素之间的相对大小和尺度关系。它不仅涉及单个空间的尺寸，还包括空间与空间之间的关系，以及空间与使用者的相对尺度。空间比例在建筑设计、室内设计和城市规划中都起着至关重要的作用。

（二）尺度的概念与类型

尺度是一个重要的概念，广泛应用于建筑、设计、艺术等多个领域。它不仅涉及物体的大小、比例和空间关系，还关系到人类感知、行为和心理体验。尺度的理解和应用能够直接影响到空间的布局、功能的实现以及整体美感的表达。下面将从尺度的定义、类型以及其在各个领域中的具体应用展开探讨。

尺度的基本概念可以理解为事物的大小、范围和比例。在建筑设计中，尺度通常指建筑物相对于人和周围环境的尺寸关系。建筑的尺度不仅包括建筑物的高度、宽度和深度，还包括与周围环境的比例关系。合适的尺度能够使建筑融入环境，增强空间的和谐美感。不合适的尺度可能导致建筑在视觉上的不适感，甚至影响人们的使用体验。

尺度可以分为多种类型，其中常见的有人体尺度、建筑尺度、环境尺度和心理尺度。人体尺度是指以人的身体作为参考标准的尺度。建筑和空间设计需要考虑到人体尺度，以便创造出符合人体使用习惯的空间。门的高度、桌椅的尺寸、楼梯的宽度等都应根据人体的平均尺寸进行设计。通过适当的人体尺度，使用者能够更舒适地活动和使用空间，从而提升整体的使用体验。

建筑尺度是指建筑物本身的尺寸和比例关系。建筑尺度的设计涉及建筑的高度、体量、布局等多个方面。设计师在考虑建筑尺度时，需要综合考虑周围环境的特点以及建筑的功能需求。在城市中，高层建筑往往需要考虑到周边的低层建筑，以避免视觉上的压迫感和空间的封闭感。通过合理的建筑尺度设计，可以提升城市空间的可读性和美感，增强建筑的独特性。

环境尺度则是指建筑与其周围环境之间的关系。在城市规划中，环境尺度关注建筑与街道、公园、广场等公共空间的相对位置和比例。设计师需要考虑建筑在环境中的定位，以确保建筑与周围环境的和谐共存。

二、住宅设计中的比例与尺度

在住宅设计中，比例与尺度是两个至关重要的概念，它们不仅关系到空间的功能性，还直接影响居住者的舒适感和审美体验。合理的比例与尺度设计能够有效提高住宅的居住质量，使空间更加宜人和实用。

比例通常是指空间或物体之间的相对大小关系。在住宅设计中，比例可以体现在房间的高度、宽度、长度等各个方面。比如，一个客厅的高度与面积之间的比例关系，会影响空间的开放感和通透感。较高的天花板能够营造出一种宽敞的感觉，而过低的空间则可能造成压迫感。在设计时需要根据空间的功能和居住者的需求，合理设置空间的比例。

尺度则是指物体或空间的实际大小。在住宅设计中，尺度涉及房间的面积、家具的尺寸以及各种建筑元素的大小。尺度的选择应与居住者的身体尺寸、活动习惯和使用需求相匹配。对于家庭中有小孩或老人的住宅，设计师应考虑到他们的身体特征，选择合适的家具和空间布局，以确保安全和便利。

在住宅设计的实践中，比例与尺度的合理运用常常需要结合建筑风格、环境特点和使用功能进行综合考量。在现代简约风格的住宅中，空间通常追求简洁与明快，因此设计师可能会选择大开间、低高度的设计，增强空间的流动性和开阔感。而在传统风格的住宅中，可能会运用更为复杂的比例关系，通过局部的装饰和分隔，形成更加丰富的空间层次感。

空间的比例与尺度还受到自然环境的影响。在设计住宅时，考虑到周围的自然景观、阳光方向和气候条件，可以帮助设计师选择合适的比例与尺度。比如，面对宽阔的景观，设计师可以考虑使用大面积的玻璃幕墙，拉近室内外的距离，增强视野的开阔感。而在阳光较强的地区，设计师可能会通过加高遮阳篷或设计小窗户，调节光线的进入量，确保室内舒适。

人们对空间的感知和使用习惯也在影响比例与尺度的设计。在住宅空间中，设计师需要理解不同功能区域的需求，客厅通常需要更大的空间，以容纳更多的家具和活动，而卧室则相对较小，强调私密性和舒适性。在进行空间规划时，设计师应根据不同功能的使用频率和活动范围，合理划分各个区域的比例和尺度。

在现代住宅设计中，流线型的布局与开放式设计日益流行，这对比例与尺度提出了新的挑战。开放式布局通常将多个功能区域融合在一起，使空间更加灵活。在这种设计中，比例和尺度的平衡显得尤为重要。设计师需要通过调整家具的尺寸、空间的高度和功能区域的划分，确保各个部分之间的协调与连贯，避免因开放式设计导致的空间混乱。

在实际设计过程中，设计师常常会使用一些参考标准来指导比例与尺度的设计。人体尺度理论可以帮助设计师确定家具的高度、座椅的深度等，确保家具与人的使用习惯相符。建筑师和设计师还可以参考经典建筑的比例法则，如黄金比例，来创造和谐美观的空间。

合适的照明能够突出空间的特点，增强其视觉效果。比如，通过聚光灯和隐藏式灯带，可以有效地强调空间的高度和层次感，而柔和的环境光则可以增强空间的温馨感。在选择灯具和光源时，设计师应综合考虑空间的比例与尺度，确保照明效果与整体设计风格协调一致。

绿色建筑和可持续设计的兴起，也对住宅设计中的比例与尺度提出了新要求。设计师需要在满足居住需求的基础上，考虑节能、环保等因素，从而选择合适的建筑材料和空间布局。合理的比例和尺度能够减少资源的浪费，提高住宅的能效，最终实现可持续发展的目标。

第三章　空间界面的设计美学

第一节　顶面设计的美学探索

一、色彩在顶面设计中的应用

色彩心理学是研究颜色对人类情感、行为和认知影响的一门学科。在建筑和室内设计中，顶面的颜色选择尤为重要，因为它不仅影响空间的整体氛围，还对居住者的心理状态和生理反应产生深远的影响。通过对色彩心理学的理解，设计师能够利用顶面颜色的变化来创造出既舒适又富有表现力的空间。

顶面的颜色可以直接影响人们的情绪。暖色调，如红色、橙色和黄色，往往给人以温暖、活力和兴奋的感觉。在家庭住宅的厨房或餐厅，采用暖色调的顶面可以营造出亲切和温馨的氛围，激发家庭成员之间的交流与互动。反之，冷色调如蓝色和绿色，则通常与宁静、放松和清新联系在一起。在卧室或休息室中，选择这些冷色调的顶面可以帮助人们减轻压力，促进身心放松，从而改善睡眠质量。

除了影响情绪，顶面颜色还可以改变空间的感知。明亮的颜色，如白色和浅色调，能够反射更多的光线，使得空间显得更加开阔和明亮。这种效果在小型空间或缺乏自然光的房间中尤其重要，通过选择浅色的顶面，可以使空间显得更大，提升整体的舒适度。相比之下，深色调的顶面则会使空间感觉更为紧凑，适用于创造私密和温暖的环境。在设计中，选择何种色调需要考虑空间的功能和预期的使用体验。

顶面的颜色还与光线的变化密切相关。在同时间段和天气条件下，自然光的强度和色温会影响空间的光线表现。当阳光透过窗户照射在顶面上时，顶面的颜色会影响光的反射和折射，从而改变室内的色彩效果。白色或淡黄色的顶面在阳光下会显得更加明亮和温暖，而深色顶面则可能吸收光线，使空间显得阴暗。在进行顶面颜色设计时，考虑到自然光的变化是非常重要的。

色彩心理学还强调了色彩搭配的重要性。顶面颜色的选择应与墙面、地面和家具的色彩相协调，以创造出和谐统一的空间感。比如，暖色调的顶面可以与中性色的墙面和木质地板相结合，形成一种温馨而自然的氛围；而冷色调的顶面可以与现代感十足的家具和装饰搭配，营造出清新、时尚的空间风格。在设计中，掌握色彩的对比与和谐，可以使空间更具层次感和视觉吸引力。

现代建筑和室内设计中，涂料、壁纸以及灯光技术的进步，使得色彩应用更加丰富和灵活。通过使用特殊的涂料，可以在不同角度或光照条件下展现出不同的颜色效果，创造出独特的视觉体验。利用 LED 灯光的色温调节，可以进一步增强空间氛围，与顶面的颜色相互呼应，形成动态的空间效果。

二、材质在顶面设计中的应用

顶面设计在建筑和室内设计中起着至关重要的作用，其中材质的选择直接影响光线的传播、反射与吸收，进而影响空间的整体氛围和功能。不同材质具有不同的物理特性，这些特性在光线处理上表现出明显的差异，因此在顶面设计中，合理选择材质对营造理想的光环境具有重要意义。

光线的反射特性是材质选择中的一个重要考量。常见的高反射材料如白色或亮面漆涂层、金属表面以及玻璃等，能够有效地反射光线，增强室内的明亮度。在顶面设计中，使用这些高反射材料能够使空间显得更为开阔，提高自然光的利用率。现代办公空间常常采用白色的天花板，这样不仅可以反射自然光，还能使人工照明更加均匀，减少阴影的产生，从而提高工作效率。

反之，哑光材料则对光线的吸收能力较强，能够营造出温馨而柔和的光环境。比如，使用木质、石材或其他低反射材料的天花板，可以有效减少眩光，使得空间更加舒适。这种材料在家庭住宅或休闲场所的顶面设计中尤为常见，因为它们能够营造出一种放松和温馨的氛围。哑光材质对光线的散射效果也能够增添空间的层次感，使得天花板看起来更加生动。

具有丰富纹理的材料，如粗糙的石材或雕刻的木材，能够打破光线的直接反射，产生复杂的光影效果。这种变化使得空间更加富有动感和层次感，能够在不同时间和角度展现出不同的光线效果。在艺术画廊或展示空间中，设计师常常利用纹理丰富的顶面材料，来增强展品的表现力和视觉吸引力。

在色彩的选择上，深色材质通常会吸收更多的光线，适合用于强调某种氛围或情感的空间设计。深色天花板可以营造出一种亲密和封闭的感觉，适合用于影院、酒吧等需要特定氛围的场所。深色材质在光线不足的环境中可能会使空间显得沉闷，因此在使用时需谨慎搭配其他光源，以平衡空间的亮度和舒适度。

除了基本的光反射与吸收特性外，不同材质的耐用性和维护需求也影响其在顶面设计中的应用。金属和玻璃等材料具有优良的耐候性和耐久性，适用于公共建筑的顶面设计。这类材料不仅能够承受外部环境的影响，还易于清洁和维护。在光线照射下，金属和玻璃表面能够呈现出不同的光泽和反射效果，为建筑外观增添现代感和科技感。

而一些天然材料，如木材和石材，虽然在光线处理上可能不如金属和玻璃灵活，但它们的自然纹理和色彩变化可以为空间增添独特的温暖感与质朴美。特别是在现代家居设计中，木质天花板常常被用作增强空间自然感的元素，能够与其他自然材料形成和谐的搭配，提升居住者的舒适度。

在当代设计中，智能材料和新型照明技术的出现，为顶面设计带来了更多可能性。通过结合光导材料、LED 照明以及可调光的系统，设计师能够实现更加灵活的光环境。光导材料能够将光线均匀地分布在天花板上，减少局部亮度的差异，使得空间光线更加柔和。这种技术的应用使得顶面不仅是光线的载体，更成为空间氛围营造的重要组成部分。

通过合理配置天花板的开口与通风口，可以增强自然光的流入，创造更加舒适的光环境。在热带地区的建筑设计中，设计师可能会选择使用带有开孔的木质天花板，既实现了良好的通风效果，又能通过光线的过滤创造出柔和的室内氛围。

在空间功能与氛围需求的不同背景下，材质选择的策略也有所不同。在需要集中注意力的工作环境中，采用高反射的白色天花板可以提高空间的亮度和清晰度，提高工作效率。而在休闲空间中，选择温暖的木质或低反射的材料能够帮助放松心情，营造舒适的氛围。在顶面设计中，理解空间的使用目的与情感诉求，将有助于选择合适的材质来实现预期的光线效果。

第二节　墙面设计的美学构思

一、墙面的功能与重要性

（一）墙面在空间中的角色

墙面在建筑和室内空间中扮演着极为重要的角色。它不仅是物理结构的一部分，承载着建筑的稳定性和安全性，还在视觉、心理和功能上对空间的使用和体验产生深远的影响。墙面的设计与处理，涉及材料、色彩、纹理及功能性等多个方面，这些因素共同决定了空间的整体氛围和使用效果。

墙面是空间划分的基本元素。在室内设计中，墙面不仅仅是围合空间的物理界限，更是划分功能区域的重要工具。通过不同的墙体设计，空间可以被有效地分隔成不同的功能区域，如客厅、餐厅、卧室和工作区等。在开放式布局中，设计师可以通过使用半高墙、隔断或屏风等元素，创造出既开放又具私密感的空间体验。墙面的高度和形式选择直接影响到空间的流动性与互动性，合理的设计能够提高空间的利用率和舒适度。

墙面的材料选择对空间的氛围和功能性也有重要影响。常见的墙面材料包括砖石、木材、涂料、壁纸等，每种材料都有其独特的质感和视觉效果。砖石材料通常给人以坚固和稳定的感觉，适合用于现代风格和工业风格的设计；而木材则能够营造出温暖、自然的氛围，适合家庭住宅和乡村风格的空间。涂料和壁纸的选择则更加多样化，能够通过颜色和图案的变化，为空间带来生动的视觉效果和情感表达。墙面的材质和处理方式不仅关乎美学，更影响到室内的声学性能和隔热效果。

色彩是墙面设计中不可忽视的一个重要因素。墙面的颜色能够直接影响空间的感知和人的情绪。明亮的色彩（如白色、浅黄色）能够反射更多的光线，使空间显得更开阔和明亮，适合小型或缺乏自然光的房间；而深色调（如深蓝、墨绿）则可以营造出沉稳、优雅的氛围，适合用于书房或卧室。在墙面设计中，选择合适的色彩不仅能增强空间的美感，还能提升居住者的心理舒适度。

墙面的装饰和艺术处理也在空间中扮演着重要角色。通过墙面艺术，如挂画、壁雕、装饰性涂鸦等，可以为空间注入个性和情感。艺术作品能够提升空间的审美价值，还能反映居住者的生活品味和文化背景。在公共空间中，墙面艺术的运用更是提升环境氛围的重要手段，商业空间中的大型壁画或图案，可以吸引顾客的注意力，增强品牌形象。墙面上也可以设置展示架、储物空间和绿植墙等功能性元素，进一步丰富空间的层次和实用性。

墙面的声学性能也不容忽视。在一些特定的空间中，如音乐厅、电影院和会议室，墙面的设计必须考虑到声学效果。通过使用吸音材料和合理的墙面构造，可以有效降低噪声，改善空间的音质。这在办公环境中尤为重要，开放式办公室需要通过墙面设计来减少噪声干扰，提高工作效率。墙面的设计既要美观，还要满足功能性需求，提升空间的使用体验。

在环境心理学中，墙面作为空间的重要元素，能够影响人们的行为和互动。在家庭住宅中，墙面的设计也能够促进家庭成员之间的互动和交流，通过开放式厨房和客厅的墙面设计，能够增强家庭成员之间的联系和互动。

墙面在空间中的角色还体现在其对光线的影响上。墙面的颜色和材料能够反射或吸收光线，从而影响室内的光线分布。通过合理的墙面设计，能够引导自然光进入室内，创造出明亮而舒适的居住环境。在现代建筑中，利用大面积的窗户和玻璃墙体，结合墙面设计，可以有效地提升室内的采光效果，增强空间的开放感和流动性。墙面上的灯光设计也能营造出不同的氛围，通过壁灯和灯带的设置，能够使空间更加温馨和富有层次感。

在可持续设计的背景下，墙面的设计也在不断演变。许多设计师开始关注墙面的环保材料选择和节能效果，使用可回收材料、低 VOC 涂料以及隔热性能优良的墙体材料等。这既符合环保理念，也提升了居住的健康性和舒适度。通过合理的墙面设计，可以实现空间的美观与环保的结合，为未来的居住和工作环境创造更好的条件。

（二）墙面对室内环境的影响

墙面直接影响空间的功能性、舒适度和美学表现。墙面的材质、颜色、纹理以及装饰元素，都在很大程度上决定了室内的氛围和居住者的体验。

墙面的材质对室内环境的影响显著。常见的墙面材料包括涂料、壁纸、木材、石材和砖瓦等。每种材料都有其独特的物理特性和视觉效果。比如，涂料作为一种常见的墙面材料，其表面光滑，易于清洁，适合高流动性空间，如厨房和卫生间。使用过于光滑的涂料可能会造成反射光线过强，从而产生眩光。在选择涂料时需要考虑光线的来源和空间的功能，以达到最佳的视觉舒适度。

壁纸作为另一种流行的墙面材料，其花纹和颜色的多样性为室内设计提供了丰富的可能性。壁纸可以在一定程度上吸收声波，从而改善室内的音响效果。对于需要安静氛围的空间，如书房和卧室，选择柔和色调和柔软质感的壁纸可以创造出宁静的环境。壁纸的纹理和图案能够为空间增添层次感和深度，使得空间显得更加立体和生动。

墙面颜色的选择同样影响着室内环境的感觉。暖色调通常能够带来温暖和活力，适合餐厅和社交空间，营造热情的氛围。相对而言，冷色调则给人以宁静和放松的感觉，适合卧室和休息区域。颜色的搭配也需要考虑整体空间的光线条件与功能需求，避免使用过于暗沉或冲突的颜色造成压迫感。

在空间的功能性方面，墙面设计可以通过分隔与组织空间来提高使用效率。通过设置不同高度的墙体或使用半透明材料，能够有效划分区域，同时保持空间的通透性。开放式厨房可以通过墙面作为视觉上的界限，但又通过开放式设计保持了空间的整体感。这种设计不仅提升了空间的灵活性，也增强了居住者之间的互动。

墙面的隔音效果也是影响室内环境的重要因素。墙体的厚度、材料和结构都会影响声音的传播。使用隔音材料（如石膏板、隔音棉等）可以有效降低邻居之间的噪声干扰，提升居住舒适度。在城市环境中，尤其是在高层公寓和商业空间，良好的隔音性能是提高居住者满意度的重要因素。

墙面的装饰元素对室内环境的影响同样不可忽视。挂画、照片墙、墙饰和墙灯等都能为空间增添个性化的风格与趣味。装饰性的墙面不仅能够吸引目光，还可以传达居住者的品位与生活态度。在现代家居中，使用简约的艺术挂画和个性化的装饰物，能够为空间带来活力与个性。这些装饰物也可以作为谈资，促进家庭成员或访客之间的交流。

墙面的设计还需考虑到环境的可持续性与健康性。随着环保意识的提高，越来越多的设计师选择使用低挥发性有机化合物（VOCs）的涂料和天然材料，以减少对室内空气质量的影响。采用具有环保标志的材料能够降低居住者的健康风险，提高整体生活质量。在某些情况下，墙面甚至可以设计为绿墙，种植植物，不仅能够改善空气质量，还能增添生气与活力。

光线的处理同样是墙面设计中不可忽视的一个方面。墙面在光线的折射与反射中起着重要的作用，能够影响空间的亮度和氛围。对于光线不足的空间，选择明亮的墙面颜色和光滑的涂料可以增强空间的光线感。而在光线充足的房间中，则可以通过使用深色或纹理丰富的材料，创造出温暖而舒适的环境。

墙面的设计还需要考虑到空间的流动性与动线。良好的墙面布局能够引导人的视线与行动，使空间更具导向性。在居住空间中，合理的墙体设置能够引导家庭成员的活动流线，提高空间的使用效率。

在技术迅速发展的今天，智能墙面也逐渐成为室内设计的新趋势。通过集成照明、音响系统和智能控制，墙面不仅是空间的物理分隔，更成为人们生活方式的延伸。这种智能化的设计使得居住者可以更加灵活地控制空间的功能和氛围，满足多元化的生活需求。

二、墙面设计的美学构思

（一）形态与结构的美学

墙面设计在建筑和室内空间中的形态与结构不仅关乎功能，更是美学的重要体现。墙面的设计可以通过多样化的形式、材料和细节处理，展现出独特的视觉效果与空间体验。理解墙面设计的美学，能够为空间创造出更具表现力和吸引力的环境。

墙面的不同形态可以创造出不同的空间感受和氛围。直线型的墙面通常给人以干净、简洁的感觉，适合现代简约风格的空间。而曲线型墙面则能够带来柔和与流动感，使空间显得更为亲切和舒适。这种流畅的曲线设计在某些公共空间或休闲区域尤为常见，能够营造出轻松、愉悦的氛围。在某些文化中，曲线的使用也象征着自然与和谐，进一步增强了墙面设计的文化内涵。

高墙面能够使空间显得更加开阔和通透，适合大面积的公共空间或高挑的室内环境。较低的墙面则可以营造出亲密、温馨的氛围，适合居住空间中的卧室或儿童房。在设计时，墙面的比例应与空间的整体尺度相协调，以确保视觉上的平衡与和谐。墙面与天花板之间的关系也是设计时需要考虑的重要因素，过于突兀的连接可能会影响空间的流畅性。

在墙面的结构设计中，材质的选择同样影响着美学表现。不同的材料可以传递出不同的质感与情感。使用木材作为墙面材料能够营造出温暖、自然的氛围，适合家庭住宅或乡村风格的空间。砖石材料则常用于现代与工业风格，表现出坚固与粗犷的美感。通过对不同材质的巧妙运用，设计师可以创造出独特的视觉效果与空间体验。墙面的表面处理也是影响美学的关键因素，光滑的表面与粗糙的纹理能够传递出截然不同的感觉。

墙面上的装饰性元素也对其美学表现起着重要作用。通过在墙面上添加艺术作品、装饰画、墙贴等，能够为空间注入个性与文化内涵。艺术品不仅能够提升空间的美感，还能成为居住者表达自我风格的载体。墙面的装饰设计也可以通过灯光的配合，营造出更为丰富的层次感和空间氛围。

在空间功能性上，墙面的设计也具有重要意义。通过合理的墙体布局，可以为空间提供储物、展示和隔音等功能。在家庭环境中，墙面可以设置开放式书架或展示柜，既提高了空间的使用效率，又提供了展示个人物品的机会。

在可持续设计的趋势下，墙面的设计越来越关注环保材料的使用。采用可再生材料、低挥发性有机化合物涂料等，不仅能够提升空间的健康性，也能表现出设计师对环境的责任感。绿色建筑理念强调人与自然的和谐共生，墙面的设计可以通过合理的材料选择和处理方式，反映出这种理念的实践。使用天然木材、竹材或其他可再生资源，可以为空间增添自然质感，传递可持续发展价值观。

现代技术的发展，使得墙面的表现形式越加多样化，如通过数字投影、互动媒体和增强现实技术等，能够为墙面带来动态变化和沉浸式体验。这种技术的运用不仅丰富了空间的表现形式，也为居住者提供了新的互动方式，提升了整体的使用体验。通过与技术的结合，墙面设计能够创造出更为灵活和多变的空间环境，满足现代人对个性化和创新的需求。

（二）色彩与纹理的艺术表达

墙面设计在室内空间中占据着重要的视觉中心，其色彩与纹理的选择不仅影响空间的美学表现，还对居住者的情绪与心理产生深远的影响。色彩和纹理的艺术表达能够赋予墙面生命，创造出独特的氛围，从而提升整体空间的品位与个性。

色彩在墙面设计中的作用不容忽视。色彩不仅是视觉元素，更是情感的传达者。

不同的色彩能够引发不同的情感反应。暖色调适用于社交空间，如客厅和餐厅。这些色彩能够激发人的活力，促进交流，营造出一种热情洋溢的氛围。冷色调适用于卧室和休息区。这些色彩能够营造出平和的环境，帮助人们更好地放松身心。

在选择墙面色彩时，需考虑空间的光线条件和功能需求。充足的自然光可以增强墙面色彩的饱和度，使得空间显得更加明亮和开阔。相对而言，在光线较暗的空间中，使用明亮的色彩可以有效提升室内的亮度，避免空间显得压抑。墙面色彩的搭配也至关重要，合理的色彩组合能够创造出和谐统一的视觉效果。将深色墙面与浅色家具搭配，能够形成鲜明对比，增强空间的层次感。

纹理则是墙面设计中的另一个关键元素，它为空间增添了触感与深度。不同的纹理可以通过光影的变化，影响空间的视觉感受。平滑的墙面在光线照射下产生的反射效果，通常使空间显得现代而简约；而粗糙的墙面则能够营造出一种自然与温暖的感觉，适合用于乡村风格或工业风格的室内设计。通过使用不同材质的墙面，设计师可以在空间中创造出丰富的视觉体验。

在纹理的表现上，材料的选择至关重要。常见的墙面材料如木材、砖石、涂料和壁纸等，各自具备不同的纹理效果。木材墙面能够传递自然的质感与温暖，适合用于家居环境中营造亲切感。而砖墙则通常体现出一种粗犷与坚固，适用于工业风格的空间设计。涂料的质感选择也影响墙面的视觉效果，哑光涂料能够柔化光线，使得空间更为温馨；而亮光涂料则能增加空间的反射光感，使得整体环境显得更加现代。

装饰性墙面设计中，纹理的应用还可以通过艺术手法来表现。使用浮雕技术可以在墙面上创造出立体效果，增强空间的艺术感。这种设计在博物馆、画廊或高档酒店中比较常见，通过富有表现力的纹理和图案，使得墙面成为一种艺术品，吸引人们的目光。在家庭住宅中，壁纸的选择也能够在纹理上进行大胆的尝试，如采用几何图案、植物花卉等，增加空间的趣味性和视觉层次感。

在现代室内设计中，墙面设计越来越强调个性化与独特性。设计师们常常通过色彩与纹理的大胆组合，创造出具有冲击力和艺术感的空间。使用大幅彩色壁画作为背景墙，搭配简单的家具，可以使整个空间显得生动而富有活力。个性化的墙面设计也能展现居住者的品位和生活态度，成为家庭的重要标识。

不同功能区域的墙面设计应体现出各自的特点。在儿童房中，明亮的色彩与生动的图案能够激发孩子的想象力与创造力；而在办公区域中，采用冷静的色调与简约的纹理设计，可以帮助提升工作的专注力。在这种背景下，墙面的设计不仅仅是装饰，更是空间功能的延伸。

第三节 地面设计的美学实践

一、地面的功能与重要性

（一）地面在空间中的作用

地面在建筑和室内空间中发挥着不可或缺的作用。作为人们日常活动的基础，地面不仅承载着建筑的结构，还在空间的功能、氛围和美学上起着重要作用。地面的设计涉及材料、纹理、颜色和功能性等多个方面，这些因素共同塑造了空间的体验和使用效果。

地面作为空间的基础，其选材和设计直接关系到建筑的安全性和耐久性。常见的地面材料包括混凝土、木材、瓷砖、石材等。每种材料都有其独特的性能和视觉效果，设计师在选择时需要综合考虑建筑的功能和使用需求。在住宅中，温暖的木地板则能够营造出舒适和温馨的氛围。

地面的纹理和表面处理也是影响空间感受的重要因素。不同的表面处理技术，如抛光、刷砂、打蜡等，会影响地面的光泽度和触感。抛光的石材地面通常给人以豪华和典雅的感觉，适合高档商业空间；而刷砂的木地板则能够传递出自然和温暖的气息，适合居住空间。这种质感的差异不仅影响视觉效果，还能通过触觉增强空间的层次感。

地面的颜色选择直接影响空间的氛围和感知。浅色系的地面可以反射更多的光线，使空间显得更加明亮和开阔；而深色系的地面则能够营造出沉稳和优雅的气氛。在设计时，地面的颜色应与墙面、家具和装饰品相协调，以形成统一而和谐的整体效果。地面的颜色变化也可以引导人的视线和行为，影响空间的使用方式。

地面的功能性设计同样不可忽视。在不同的空间类型中，地面需要满足特定的功能需求。在厨房和卫生间等潮湿区域，选择防滑和易清洁的地面材料非常重要，以确保使用安全和便捷。

（二）地面对室内环境的影响

地面直接影响空间的功能性、美观性和舒适度。地面的材料、纹理、颜色以及设计风格等因素，不仅关乎视觉效果，还与居住者的行为和心理感受密切相关。通过合理选择地面材料和设计，可以有效提升空间的整体品质和使用体验。

地面的材质选择对室内环境的影响非常显著。常见的地面材料有木地板、瓷砖、地毯、石材等。不同材质具有不同的物理特性和视觉效果。木地板以其自然的质感和温暖的色调，能够为家庭空间增添亲切感和舒适度。其柔软的触感和良好的隔热性能使得居住者在冬季能够感受到温暖，适合用于卧室和客厅等休息区域。

瓷砖作为一种常见的地面材料，以其耐磨性和易清洁性受到青睐。瓷砖的防水性能使得其在厨房和卫生间等潮湿环境中表现优异。瓷砖的色彩和纹理选择非常丰富，可以根据不同的设计风格进行搭配，从而创造出各种视觉效果。在现代简约风格中，使用大规格的单色瓷砖，可以增强空间的通透感和整体感。

相对而言，地毯则能够为室内增添一种温馨和舒适的氛围。柔软的地毯可以有效降低噪声，为家庭带来更好的音响效果。地毯的多样化图案和色彩选择使得空间充满活力，适合于儿童房和休闲区。

随着环保意识的提升，越来越多的设计师开始关注使用可再生材料和低排放的地面产品。竹地板和再生木材等环保材料，既能满足美观和舒适度的需求，又能减少对自然资源的消耗。地面设计中的绿色元素，如植物装置，也能进一步提升室内环境的生态感，创造出更加宜居的空间。

耐磨、易清洁的材料能够降低后期的维护成本，提高使用寿命。在厨房和餐厅等高使用频率的区域，选用易于打理的瓷砖或强化木地板，可以有效减少清洁工作的负担。相对而言，地毯虽然舒适，但维护成本较高，因此在选择时需根据实际使用情况进行权衡。

自然光的引入和人工照明的设计都会影响地面的视觉效果。透光性强的材料可以增强空间的明亮感，而在光线较暗的区域，选择反光性好的地面材料能够提升整体的光照效果。适当的灯光布局也能通过照明投射在地面上，创造出温馨的氛围和独特的视觉体验。

二、地面设计中的光影效果

（一）自然光与人工光的结合

自然光与人工光的结合，能够在地面设计中创造出丰富的层次感和氛围，提升空间的功能性和美观性。理解两者的有效结合，对于优化空间体验、提高居住或工作环境的舒适度具有重要意义。

在地面设计中，使用明亮的颜色和光滑的材料，如白色瓷砖或浅色木地板，可以最大限度地反射自然光，使空间显得更加明亮和宽敞。自然光增强空间的开放感，能影响人们的心理状态。研究表明，自然光能够改善人的情绪，增强工作的积极性。

自然光的引入需要考虑其变化性和不可控性。随着时间的推移，光线的强度和方向都会发生变化，这就要求设计师在设计时进行综合考虑。在南向的窗户附近，可以使用深色地面材料来减少光线的反射，从而避免刺眼的视觉效果。在北向的空间中，由于自然光相对较弱，可以采用明亮的地面材料，以提升空间的明亮度。在这种情况下，地面材料的选择不仅要美观，还需实用，能够适应光线的变化。

人工照明可以通过不同类型的灯具、照明方式和光源，营造出不同的氛围与功能。使用嵌入式灯具可以在地面上创造出均匀的光照，而采用落地灯或壁灯则可以为空间增添层次感和温暖感。地面设计中可以结合灯具的布置，突出特定区域或功能，如在餐桌下方安装柔和的照明，可以营造出温馨的用餐氛围。

在地面设计中，自然光与人工光的结合应注重整体的光线平衡。自然光通常是冷色调的，而人工光则可以是暖色调的，通过这种色温的变化，可以丰富空间的层次感。在早晨或黄昏时段，室内的自然光与暖色调的人工照明结合，能够创造出温馨、舒适的环境，适合家庭的休闲区域。

地面材料的选择也应考虑到光的反射和吸收特性。光滑的地面材料，如抛光的石材或光亮的木地板，能够有效反射光线，增强空间的亮度。而一些粗糙的材料，如地毯或磨砂瓷砖，则会吸收更多的光线，降低空间的明亮度。在设计时，结合自然光的引入，选择合适的地面材料能够优化空间的光线效果。在光线较强的区域，可以使用较暗或粗糙的地面材料，减少眩光；而在光线较弱的区域，使用明亮且光滑的材料可以提升空间的亮度。

除了基础的照明，地面设计还可以结合创意照明来增强视觉效果。使用 LED 灯带、地面投射灯或光纤照明等技术，可以在地面上创造出动态的光线效果。这样的设计不仅能够美化空间，还可以用于功能性标识。在公共场所，地面照明可以引导人流，增强空间的可读性和安全性。通过智能控制系统，可以根据实际需求调整光线的强度和色彩，提供更灵活的空间使用体验。

在生态设计的背景下，地面设计也应关注光的节能利用。使用自然光能够有效降低人工照明的需求，而结合智能照明系统可以根据光线的变化自动调节照明强度，从而节约能源。通过选择具有反射能力的地面材料，可以在使用自然光的基础上，最大化空间的亮度，同时降低对人工照明的依赖。这样的设计不仅符合可持续发展的理念，还能为居住者创造更为舒适和健康的环境。

（二）光影变化对空间氛围的影响

地面设计在室内环境中不仅仅是功能性的基础，更是空间氛围的重要组成部分。光影的变化通过地面的材质、颜色与纹理，直接影响空间的视觉效果和情感氛围。合理的地面设计能够利用光影的变化，创造出丰富的空间体验，增强居住者的感受和舒适度。

地面的材质选择对光影的表现具有重要影响。不同材料在光线照射下的反射和吸收特性各异，从而形成不同的光影效果。光滑的瓷砖或抛光的木地板能够强烈反射光线，使得空间显得更加明亮和开阔。这种高反射性地面适合用于自然光充足的环境，可以最大化地利用自然光源，创造出明亮的氛围，给人一种清新、充满活力的感觉。

相比之下，哑光材料（如磨砂地砖或未经抛光的木地板）则能吸收更多的光线，产生柔和的光影效果。这类材料通常适用于需要营造温馨和舒适氛围的空间，如卧室和客厅。哑光地面能够减少眩光，使得光线更为柔和，创造出宁静和放松的环境。这种对光影的处理，使得空间更加宜人，有助于居住者的身心放松。

地面的颜色选择同样对光影变化有着重要影响。浅色地面能够反射更多的光线，使得空间看起来更加明亮，适合用于小型或光线不足的房间。而深色地面则能够吸收光线，营造出一种更为沉稳和包容的感觉。在宽敞的空间中，深色地面与亮色家具搭配，可以形成强烈的对比，增加空间的层次感和视觉冲击力。

纹理的设计在地面光影变化中也扮演着关键角色。不同纹理的地面可以通过光影的变化，创造出丰富的视觉效果。具有凹凸纹理的地面在光线照射下，会产生变化多端的光影效果，给空间增添动感与活力。

在室内设计中，光线的来源同样影响地面光影的变化。自然光通过窗户洒入室内时，随着时间的推移，光影的变化不断改变空间的气氛。清晨的阳光柔和而温暖，适合用于厨房或餐厅，营造出愉悦的用餐环境；而午后的阳光则可能产生强烈的对比，适合用来突显某些特定的空间功能或装饰元素。设计师可以通过布局和材料选择，使得光影在不同时间段内展现出不同的视觉效果。

灯光的布置不仅影响空间的整体亮度，也能够通过光影的变化来塑造空间氛围。采用嵌入式灯具或地面灯可以在地面上投射出柔和的光线，形成迷人的光影效果。这样可以有效地引导居住者的视线，强调某些区域或家具，提升空间的层次感。调节灯光的色温和强度，也能够在不同时间创造出不同的氛围。暖色调的灯光能够营造出温馨的氛围，而冷色调则适合现代简约风格的空间，增添一丝清新感。

通过在地面上使用特殊的图案或艺术元素，设计师能够创造出独特的光影效果。采用光导材料或者绘制几何图案，可以在光线的照射下形成动态的视觉效果，吸引人们的关注。这种艺术表达提升了空间的美感，能够传达居住者的个性和品位。

第四节　细节设计的美学点睛

一、细节设计的重要性

细节与整体的关系是设计、艺术和建筑等多个领域中的核心问题。细节不仅是整体的组成部分，更是影响整体感知和表现的重要因素。理解二者之间的相互作用，有助于创造出更具深度和层次感的作品和空间。

在设计领域，细节常常被视为整体的灵魂。一个设计作品的细节处理直接关系到其品质和美感。在家具设计中，接缝的处理、材料的质感以及表面的装饰都会影响消费者的第一印象。一个精致的细节能够提升产品的档次感，传达出设计师的用心与专业。细节的忽视则可能导致整体设计的失败，即使整体形状或功能设计再完美，也无法掩盖细节上的缺陷。

细节与整体的关系也体现在空间设计中。在建筑和室内设计中，空间的氛围和体验往往取决于细节的处理。比如，灯具的选择、墙面装饰、地面的材质等都属于细节范畴，但它们共同作用于空间的整体感受。一个良好的空间设计应该在细节与整体之间找到平衡，使得每一个细节都为整体服务，同时又不被整体的设计概念所淹没。

许多艺术作品的成功往往在于细节的独特表达。绘画作品中的每一个笔触、每一种色彩的搭配，都为整体画面增添了生命力和动感。细节丰富了作品的内涵，使观者在欣赏时能够不断发现新元素，提升对作品的理解和情感共鸣。整体构图的把握也同样重要，只有在细节与整体之间找到和谐，作品才能达到最佳的视觉效果。

建筑物的外观、材料的选择、结构的布局等，都需要在整体设计理念的指导下进行细致的规划。建筑的细节可以反映出其文化背景和时代特征，如传统建筑中的雕刻细节和现代建筑中的简约线条，各自都传达着不同的设计哲学。细节的设计不仅仅是形式上的美，更应考虑到功能和可持续性。

二、细节设计的实践方法

（一）设计流程中的细节把控

空间设计流程中的细节把控是实现设计目标的关键环节。在整个设计过程中，细节的处理不仅影响着最终的效果，也决定了使用者的体验与满意度。通过有效的细节管理，可以确保空间设计的质量与功能，达到预期的设计理念。

空间设计流程通常包括需求分析、概念设计、方案设计、施工图设计和实施等阶段。在需求分析阶段，设计师需充分了解客户的需求、使用目的以及空间的特性。此时，细节把控主要体现在信息的收集与分析上，设计师需要通过访谈、问卷和实地考察等方式，准确把握客户的期望和空间的使用方式。这一阶段的细致工作为后续设计奠定了基础，确保设计方案能够真正满足用户的需求。

进入概念设计阶段，设计师需要将需求转化为初步的设计理念和构思。在这一阶段，细节把控体现在设计理念的阐释上，包括空间布局、功能分区、流线设计等。设计师需要通过草图和模型，将整体设计思路可视化，便于与客户沟通与确认。在此过程中，关注细节如动线的合理性、功能区域的衔接以及视觉焦点的设定，将有助于提升整体设计的可行性和实用性。

方案设计阶段是将概念深化为具体设计的关键环节。在这一阶段，细节的把控主要体现在材料选择、色彩搭配、家具配置等方面。设计师需要根据空间的功能和氛围，选择合适的材料和色彩，以增强空间的表现力与舒适度。

设计师需要将前期的设计方案转化为施工可行的图纸，确保设计意图的准确传达。在这一阶段，细节的处理涉及每一个构件的尺寸、材料规格和施工工艺。设计师需要考虑到实际施工中可能遇到的问题，并在图纸中进行相应的标注和说明。良好的施工图设计不仅能有效减少施工过程中的误差，也能提高施工效率。

在实施阶段，细节把控的工作仍然至关重要。设计师应参与施工过程，确保施工方严格按照设计图纸执行。在这一过程中，及时与施工方进行沟通，确保设计意图得到充分理解与落实。定期的现场检查和反馈能够帮助发现施工中出现的问题，并进行及时调整。对于细节的严格把控不仅能保证施工质量，也能确保设计效果的实现。

在空间设计的整个流程中，客户的反馈和参与也是细节把控的重要一环。设计师需定期与客户沟通，展示设计进展并收集反馈。客户的意见可以为细节处理提供新的视角，帮助设计师进一步优化设计方案。在材料选择和色彩搭配上，客户的喜好可能会影响最终的决定。保持良好的沟通与反馈机制，能够确保设计的最终效果符合客户的期望。

设计师在把控细节时，应始终关注整体设计的连贯性与协调性。每一个细节都应服务于整体设计理念，确保空间的和谐与统一。在选择装饰品时，设计师应考虑其风格、材质与空间整体的匹配度，以免出现不协调的视觉效果。通过细致的整合与把控，可以增强空间的整体美感与功能性。

在细节把控的过程中，设计师还应关注可持续性和环保设计。在材料选择上，优先考虑可再生材料和低污染的产品，可以在满足设计需求的同时减少对环境的负担。

空间的布局与功能配置也应注重资源的合理利用，避免不必要的浪费。将可持续性融入细节把控，可以提升设计的社会价值和生态意识。

随着设计工具和软件的发展，设计师可以更加精确地进行细节处理。利用三维建模软件，可以在设计阶段对空间进行虚拟展示，直观地展现每一个细节的效果与影响。这种技术手段能够帮助设计师更好地进行细节把控，从而优化设计方案并提升客户的满意度。

（二）细节设计的技巧

在细节设计中，颜色与材质的搭配是至关重要的元素，直接影响到产品的整体视觉效果和用户的情感体验。合理的颜色与材质搭配不仅能够提升设计的美感，还能传递出品牌的价值观和使用目的。下面将从多个角度探讨这一主题。

颜色本身具有情感传递的能力。在细节设计中，选择颜色时应考虑到产品的功能和目标受众。比如，对于儿童产品，可以选择鲜艳的颜色，以吸引孩子们的注意力；而对于高端奢侈品，则可能更倾向于使用沉稳、低调的色调，以传递出优雅和品质感。

材质方面则涉及触觉体验和视觉质感。在设计时，需要对材质的特性有充分的理解，以确保颜色在不同材质上的表现达到预期效果。

在具体搭配中，色彩的对比与协调是两个关键的原则。对比色能够创造出视觉冲击力，使得某些细节更加突出；而协调色则能带来整体的和谐感。在家居设计中，使用深色家具搭配浅色墙面，可以营造出层次感和空间感。材质的选择也要与色彩搭配相辅相成。光泽感较强的材料，如玻璃或金属，通常适合用于现代风格的设计，而天然的木材或布料则更适合用于乡村或温馨的风格。

颜色与材质的搭配也可以通过色彩心理学来引导设计决策。研究表明，色彩不仅会影响人的情绪，还能影响人的行为。餐厅使用暖色调可以增进食欲，而办公室使用冷色调则有助于集中注意力。在这一过程中，材质的选择同样会影响颜色的心理感受。柔软的布料配合温暖的色调，会让人感到放松；而坚硬的石材与冷色调结合，则可能营造出一种严肃的氛围。

细节设计中还需关注颜色的饱和度和明度。高饱和度的颜色往往更加引人注目，但使用过多可能导致视觉疲劳。在设计中，可以选择一两种高饱和度的颜色作为点缀，搭配低饱和度的背景色，以达到平衡。明度的变化也能影响设计的层次感。

在实际的设计过程中，色卡和材质样本的运用是不可或缺的工具。通过实际的样品对比，可以更直观地评估颜色与材质之间的搭配效果。数字化工具的使用也日益普及，设计师可以通过软件进行颜色搭配的模拟，快速调整和优化设计方案。

细节设计的目标是通过颜色与材质的搭配，为用户创造出美好的使用体验。这不仅仅是视觉上的享受，更是情感上的共鸣。在每一个细节上，设计师都应当注重色彩与材质的协调，通过深入的研究与反复的实验，找到最符合产品定位与用户需求的搭配方案。

第四章　室内色彩与装饰材料美学

第一节　色彩搭配的基本原则与技巧

一、室内色彩搭配的基本原则

（一）色彩的和谐性

在室内设计中，色彩搭配直接影响到空间的氛围和功能性。理解室内色彩搭配的基本原则，尤其是色彩的和谐性，对于实现理想的室内空间至关重要。

色彩和谐性可以被定义为不同色彩之间的协调与统一。和谐的色彩搭配能够创造出舒适的视觉体验，而不和谐的搭配则可能导致视觉上的不适，甚至影响居住者的情绪。为了实现色彩的和谐性，设计师通常会运用一些基本的色彩搭配原则。

色轮是理解色彩搭配的基础工具。色轮将色彩按色调排列，形成一个闭合的环形结构，通常包含原色、次色和复色。根据色轮的原理，设计师可以运用以下几种基本的配色方案。

单色搭配是指使用同一色调的不同明度和饱和度的颜色。这种搭配方式能够创造出层次感和深度，常用于想要营造统一、简洁氛围的空间。在一个以蓝色为主的空间中，可以使用深蓝、浅蓝和蓝绿色进行搭配，既保持了整体的和谐，又通过明度的变化增加了视觉趣味。

相邻色搭配指的是选择色轮上相邻的颜色进行组合。这种搭配方式通常能形成柔和、自然的效果，适合用于需要营造温馨和谐的空间。比如，将绿色、蓝绿色和蓝色结合在一起，可以创造出清新自然的室内环境，适合用于客厅或卧室。

对比色搭配使用色轮上相对的颜色。这种搭配方式能够产生强烈的视觉冲击力，适合用于想要突出某个设计元素或创造活力感的空间。橙色与蓝色的搭配，可以在某些区域营造出活跃的氛围，适合于儿童房或创意空间。

三色搭配通常选择色轮上等距的三种颜色，形成一个三角形。这种搭配方式能够实现平衡与对称，创造出丰富而和谐的视觉效果。红色、黄色和蓝色的搭配可以在现代空间中形成鲜明的色彩对比，同时又保持整体的和谐。

在色彩搭配中，除了运用以上基本原则外，明度和饱和度的变化也是关键。明度是指色彩的亮度，饱和度则是色彩的纯度。在搭配时，适当调整明度和饱和度，可以使空间更具层次感。通常情况下，明亮的颜色能够使空间显得开阔，而深色则能够给人温暖与安全感。在大面积使用某种颜色时，结合不同的明度和饱和度进行搭配，可以有效避免空间的单调感。

不同材质的反光和纹理会影响颜色的呈现效果，因此在进行色彩搭配时，需要考虑材质的特性。光滑的金属和玻璃可以增强颜色的明亮度，而粗糙的木材和织物则能够带来温暖和自然的感觉。在室内设计中，通常会将不同的材质与颜色结合使用，以达到最佳的视觉效果和触感体验。

在空间的实际应用中，色彩的和谐性还要考虑到空间的功能。不同的房间需要传递不同的情感和氛围。卧室应以柔和、宁静的色彩为主，促进放松与休息；而厨房则可以选择活泼、明亮的色彩，提升空间的活力。在进行室内色彩搭配时，理解每个空间的功能需求至关重要。

自然光和人工光源的不同，会对室内色彩的呈现产生显著影响。自然光会使颜色显得更加饱和，而人工光则可能导致色彩失真。在设计过程中，应考虑光线的方向、强度及其对色彩的影响，选择合适的颜色和材料，以确保在不同光照条件下，空间的色彩依然和谐。

在实施色彩搭配时，使用样板间或色卡进行实际的对比与实验也是一种有效的方法。通过样板间，可以直观地观察颜色在不同光线和空间条件下的表现，以便做出更为合理的选择。借助于现代设计软件的模拟功能，可以更快速地尝试不同的色彩组合，从而达到最佳的搭配效果。

（二）功能与氛围

在室内设计中，色彩能够影响人的心理和生理反应，在设计时需充分考虑色彩的功能和所营造的氛围。通过合理的色彩搭配，可以有效提升空间的舒适度和美感，创造出适合不同功能需求的环境。

色彩的基本属性包括色相、明度和饱和度。色相指的是色彩的基本种类，如红、黄、蓝等；明度是指色彩的亮度，影响空间的明亮程度；饱和度则描述色彩的纯度，饱和度高的颜色显得鲜艳，而低饱和度的颜色则较为柔和。设计师在进行室内色彩搭配时，应综合考虑这些属性，以实现理想的视觉效果和情感共鸣。

在功能性方面，色彩可以根据空间的用途进行选择。比如，卧室是休息和放松的空间，通常适合使用冷色调，如浅蓝、浅紫或灰色。这些颜色能够营造出宁静、放松的氛围，帮助人们更好地入睡。而在儿童房中，明亮而活泼的色彩（如黄色、橙色或绿色）能激发孩子的创造力和好奇心，营造出一个充满活力和乐趣的环境。

客厅作为社交和家庭活动的主要场所，色彩搭配则应考虑到舒适性。温暖的色调，如米色、淡橙色或温暖的棕色，可以营造出温馨和包容的氛围，促进家庭成员间的互动。适当的对比色或亮色的点缀，如抱枕、装饰画等，可以为空间增添生气和层次感，使客厅显得更具吸引力。

在厨房和餐厅，色彩的选择也有其特定的功能。明亮的颜色，如白色、明黄色或浅绿色，能够让空间显得更为清新和洁净，同时也有助于增进食欲。与之相对的，深色调（如深红或深蓝）则可以带来一种更为稳重和经典的感觉，适合营造优雅的就餐环境。合理的色彩搭配可以使烹饪和用餐的过程变得愉悦。

浴室作为个人护理的空间，通常使用冷色调和中性色调，如淡蓝、白色或灰色，以营造清新、干净的感觉。这些颜色有助于放松心情，提供一个舒适的洗浴体验。加入一些绿色植物或鲜艳的装饰品，可以为空间增添活力和平衡感。

在空间的整体色彩规划中，常用的色彩搭配方法有单色搭配、类似色搭配和对比色搭配。单色搭配通过不同明度和饱和度的同一色相，创造出和谐的效果，适合追求简约和优雅的设计风格。类似色搭配则通过相邻色相的组合，形成自然的过渡，营造出温馨和谐的氛围。而对比色搭配则利用色轮上相对的颜色，能够产生强烈的视觉冲击力，适合用于强调某些特定的设计元素。

自然光和人造光源的不同，会影响颜色的呈现效果。在北向的房间，通常光线较为柔和，适合使用暖色调来增强空间的温暖感。而南向的房间光线较强，可以大胆运用冷色调，以平衡光线的强烈感。在设计时，可以通过调整窗帘、灯具和反射材料等手段，进一步优化室内色彩的呈现。

在现代室内设计中，渐变色彩的运用也越来越受欢迎。通过渐变的手法，可以创造出丰富的视觉层次和动感，使空间显得更为活泼。比如，在墙面或家具上运用渐变色彩，能够吸引视线并增强空间的趣味性。渐变色彩还可以与其他元素结合使用，如地毯、艺术品等，从而形成统一而和谐的设计风格。

除了功能性和美观性，色彩在空间中的象征意义也不可忽视。不同文化背景对颜色的理解和感受存在差异，因此在国际化设计中，设计师需要考虑受众的文化背景。在中国文化中，红色象征着吉祥和喜庆，适合在节庆或庆典场合使用；而在西方文化中，白色则常常代表纯洁与简约。了解这些象征意义，能够帮助设计师更好地进行色彩搭配，创造出更具文化深度的空间。

二、室内色彩搭配的技巧

（一）选用中性色

在室内设计中，中性色因其独特的特点，常被设计师广泛运用，成为色彩搭配的基础。中性色包括黑色、白色、灰色以及一些自然的棕色和米色等，这些颜色具有极强的适应性和搭配性，为室内设计提供了丰富的可能性。

中性色的最大优势在于它们的通用性。中性色能够与任何颜色搭配，更好地突出其他色彩。在设计时，中性色可以作为背景色，帮助空间保持统一感，同时又能为鲜艳的颜色提供衬托。在一间现代风格的客厅中，使用灰色的墙面，可以使得家具和装饰品的色彩更加突出，形成视觉焦点。

中性色具备优雅与简约的特性，使空间显得更加大方与宁静。无论是居家环境还是办公空间，采用中性色调都能营造出一种平和的氛围。使用浅灰色或米色的墙面，再搭配木质的地板和白色的家具，可以创造出一种温馨且自然的环境。这样的设计既不过于张扬，又能提供舒适的居住或工作体验。

在使用中性色时，明度和饱和度的变化也非常关键。中性色本身可以通过明度的不同，来调节空间的明亮程度。在一个空间中，深灰色的沙发可以与浅灰色的墙面形成层次感，增加视觉的深度。通过选择不同饱和度的中性色，可以在整体和谐的基础上，增加空间的层次感和趣味性。比如，深色的中性色与明亮的中性色相结合，可以在视觉上形成鲜明的对比，带来更丰富的视觉体验。

中性色还可以在搭配其他鲜艳色彩时，发挥很好的缓冲作用。中性色能够柔化其他强烈色彩带来的冲击感，使得整体设计更加和谐。在一间充满活力的儿童房中，墙面可以使用明亮的黄色或蓝色，而家具和地面则采用中性的灰色或白色，这样的搭配能够平衡空间的视觉效果，同时又不失活泼的气息。

中性色在材质的运用上同样尤为重要。不同材质在颜色呈现上的差异，会影响整体的视觉效果。比如，光滑的白色瓷砖与温润的米色木材组合，会在视觉和触感上形成对比，从而增加空间的层次感。在设计过程中，使用多种材质的中性色搭配，可以有效提升空间的丰富性和趣味性，同时保持整体的和谐感。

在实际应用中，采用中性色的搭配技巧还应考虑光线的变化。自然光和人工光源对颜色的影响是显著的。在白天，自然光的照射会使中性色显得更加明亮，而在夜间，人工光源可能会让颜色呈现出不同的温度。在选择中性色时，设计师需考虑不同光照条件下的色彩表现，以确保最终效果的和谐与统一。

中性色可以作为主题色彩的过渡色。在一个以鲜艳色彩为主的空间中，适当使用中性色可以帮助调整视觉重心，缓和空间的紧凑感。在一间以红色和蓝色为主的现代艺术风格房间中，加入中性色的家具或装饰品，可以有效平衡整体色彩，减少视觉上的冲突，增强空间的舒适性。

对小空间来说，中性色更是一个理想的选择。中性色能够有效地扩展视觉空间感，使得小房间显得宽敞。使用淡灰色或白色的墙面，搭配同色系的家具，可以使得整个空间显得开阔而明亮。而在小空间中，适度使用深色中性色的细节，可以增加空间的层次感和深度，避免单调乏味。

在色彩搭配的过程中，考虑中性色与其他色彩的比例也是一项重要技巧。过多的中性色可能会使空间显得冷淡，而过于鲜艳的颜色则可能导致视觉上的疲劳。在设计中，需要平衡中性色与鲜艳色彩的比例，通常推荐采用 60、30、10 的比例，即 60% 的中性色、30% 的主色调和 10% 的点缀色。这种搭配能够在保持整体和谐的基础上增加空间的活力。

考虑到空间的功能，中性色在不同功能区域的运用也有所不同。在卧室中，使用柔和的米色或灰色可以营造出宁静的氛围，促进睡眠；而在工作空间中，选择稍微明亮一些的中性色，可以帮助提高工作效率，创造一个活跃的环境。在厨房中，使用明亮的白色或浅灰色，则能够让空间显得干净整洁，增强视觉的舒适度。

（二）层次感的营造

在室内设计中，通过巧妙的色彩搭配，可以有效营造出空间的层次感，使室内环境既美观又富有表现力。下面将探讨室内色彩搭配的技巧以及如何通过这些技巧营造层次感。

在色彩搭配中，创建层次感的关键在于色彩的分布与搭配。可以通过主色、辅色和点缀色的组合，形成视觉上的层次。主色通常用于墙面或大面积的家具，辅色用于小件家具、窗帘等，而点缀色则用来装饰，如靠垫、艺术品等。通过这样的层次分布，空间会显得更加丰富而不杂乱。

另一个技巧是利用明度和饱和度的对比来增强层次感。在同一空间内，选用明度较高的颜色与明度较低的颜色进行搭配，可以使空间显得更具层次。在一个以浅色为主的客厅中，加入一些深色的家具或装饰品，能够突出这些元素，使其成为视觉的焦点。饱和度的变化也可以帮助营造层次感，鲜艳的色彩往往能吸引注意，而低饱和度的颜色则能够起到衬托的作用。

光线在室内色彩搭配中同样扮演着重要角色。自然光和人造光源的不同会影响颜色的呈现效果，因此在设计时应充分考虑光线的变化。明亮的空间适合使用冷色调，能够使人感到清新和舒适；而光线较暗的空间，则可以使用温暖的色调，营造出温馨和包容的氛围。在实际应用中，可以通过调节窗帘的材质、颜色和光线的反射方式，进一步优化室内色彩的效果。

在色彩的运用中，留白也很重要。适当的留白能够使空间显得更加整洁和舒适，同时增强其他元素的表现力。设计时应考虑留白的位置和比例，以便使视觉焦点更加突出。留白不仅是颜色的对比，也是空间的呼吸，使得整体设计不至于过于拥挤，达到一种视觉上的平衡。

使用渐变色彩也可以有效地营造层次感。渐变色彩通过逐渐变化的颜色，能够在空间中创造出丰富的层次效果。这种技术可以运用在墙面、地毯或家具上，使得设计显得更具动感和活力。在一面墙上使用从浅色到深色的渐变，能够使空间看起来更具深度感。

第二节　色彩对空间氛围的营造

一、色彩的基本理论

（一）色彩的心理学影响

色彩在生活中无处不在，其对心理和情感的影响是深远而复杂的。色彩心理学研究了颜色如何影响人们的情绪、行为和决策。通过理解色彩的心理学影响，可以在设计、营销以及日常生活中更好地运用色彩。

色彩对情绪的直接影响是显而易见的。研究表明，不同颜色会引起不同的情感反应。红色常与激情、活力和兴奋感相联系，它能够提升人的心率和血压，激发强烈的情感反应。红色能刺激食欲，因此在设计餐饮空间时，红色往往是一个常见的选择。相对而言，蓝色则被认为是平静和放松的颜色，能够降低焦虑感，增加信任感。在办公室环境中，适当运用蓝色可以提高员工的专注力和生产力。

绿色是一种与自然密切相关的颜色，通常传递出生机、平衡与和谐的感觉。许多心理学研究表明，绿色能够有效缓解压力和疲劳，适合用于需要放松和恢复活力的空间，如卧室和疗养院。在城市环境中，增加绿色植物的使用，可以帮助人们缓解紧张情绪，提升整体幸福感。

黄色则常被视为快乐与乐观的象征，它能够激发思维活跃性和创造力。过度使用黄色可能会让人感到焦虑，因此在空间设计中应当适度使用，以免产生相反的效果。黄色在儿童房或创意空间中使用较多，可以激发儿童的想象力和探索欲。

紫色常常与奢华、神秘和创意相关联。它在视觉上能够引发高贵感和优雅感，常用于高端品牌的营销策略中。紫色能够激发灵感和直觉，因此在艺术工作室或创意空间中是一个不错的选择。但是，紫色使用过多可能会导致情绪的不稳定，因此在实际应用时应与其他颜色搭配，以保持平衡。

黑色在色彩心理学中有着复杂的含义。它可以代表力量、优雅和神秘感，同时也可能引发负面情绪，如悲伤或压抑。在高端设计中，黑色常被用于传递奢华感，如黑色的家具或装饰品能够营造出一种沉稳和内敛的氛围。过多的黑色可能会让空间显得阴暗，因此在设计时应考虑与其他明亮的颜色搭配。

白色常被认为是纯洁、简约和宁静的象征。它能够增强空间的明亮感和开阔感，因此在现代设计中，白色常被广泛使用。白色有助于提升空间的整体感，创造出一种干净和整洁的氛围。单一的白色可能会显得冷漠，因此在设计中可以通过不同材质和纹理的结合来增添温暖感。

在色彩的使用上，明度和饱和度也会对心理产生影响。高明度的颜色通常显得更为轻快和活泼，能够带来愉悦的感觉。而低明度的颜色则显得更为沉稳和内敛，能够传达一种安全感和稳定性。饱和度较高的颜色会更为鲜明，容易吸引注意力，但使用过多可能导致视觉疲劳；而饱和度低的颜色则显得柔和，适合长时间观看。

在日常生活中，利用色彩的心理学影响可以改善居住环境和提高工作效率。通过选择合适的颜色，可以调节空间的情感氛围，提升居住者的生活质量。在家中使用柔和的色调可以创造出一个放松的环境，有助于休息和恢复精力。

（二）色彩的基本属性

色彩的基本属性是理解和运用色彩的基础，涉及色相、明度和饱和度三个核心要素。每一种颜色在设计、艺术和心理上都具有独特的表现力，这些属性能够帮助设计师、艺术家和普通人更好地选择和运用色彩，以达到期望的视觉效果和情感共鸣。

色相是指颜色的基本类型，在色轮上，不同的颜色相互排列，形成一个连续的光谱。色相是颜色的最基本特征，它影响着人们的视觉感知和心理反应。不同的色相给人不同的情感体验。

明度是指颜色的亮度，表示颜色的明暗程度。高明度的颜色显得明亮且清晰，而低明度的颜色则显得暗淡和沉重。明度的变化直接影响到空间的氛围和视觉感受。

饱和度是指颜色的纯度，表示颜色的强度和鲜艳程度。高饱和度的颜色显得明亮而生动，低饱和度的颜色则显得柔和和暗淡。饱和度的变化也会影响色彩的心理效果。

色彩之间的关系也极为重要。在色轮上，色彩可以分为互补色、相似色和对比色。互补色是指在色轮上相对的两种颜色，它们之间形成强烈的对比，能够产生视觉冲击力。红色与绿色、蓝色与橙色是互补色的经典搭配。这种对比关系常用于吸引观众的注意力，增加设计的活力。相似色是指色轮上相邻的颜色，它们之间形成柔和的过渡，适合用于创造和谐的氛围。蓝色、青色和绿色的组合能够传达出宁静和自然的感觉。而对比色则是指色轮上有明显差异的颜色，它们可以产生引人注目的视觉效果，常用于强调特定的设计元素。

在艺术和设计中，颜色的组合和对比也是实现美感和情感表达的重要手段。颜色的搭配往往能够影响观众的情绪和感受，因此在选择颜色时，需考虑其在整体设计中的角色。在绘画作品中，艺术家可以通过高饱和度的颜色来突出某个主体，而使用低饱和度的背景色来营造深度。在室内设计中，设计师可以通过色彩的搭配与对比来引导视线，增强空间的功能性和舒适度。

二、色彩在室内空间中的应用

（一）现代风格中的色彩运用

现代室内风格中的色彩运用是一个富有创意和灵活性的领域，反映了当代设计理念和审美趋势。现代室内设计强调简约、功能性与美观，而色彩则是实现这些目标的重要工具。通过巧妙的色彩搭配，设计师能够营造出不同的空间氛围，满足居住者的情感需求和生活习惯。

现代室内风格通常采用中性色作为基础色调，如白色、灰色和米色等。这些中性色具有高度的适应性，可以与多种颜色搭配，营造出干净、明亮的空间感。中性色能够让空间显得更加开阔，给人一种轻松和舒适的感觉。通过大面积使用中性色，设计师能够为后续的色彩运用提供良好的背景，使其他颜色得以突出。

在现代室内设计中，鲜艳的点缀色是常见的手法。通过在家具、艺术品或装饰品中引入亮眼的颜色，可以有效地吸引注意力，打破空间的单调。深色的沙发上放置几个明亮的黄色或蓝色的抱枕，不仅增添了视觉层次感，还能让整个空间显得更有活力。这种点缀色的运用可以使设计更具个性，同时也为居住者的情绪增添了愉悦感。

冷暖色调的搭配在现代室内风格中同样发挥着重要作用。在设计时，合理运用冷暖色的对比，可以增强空间的层次感，同时调动居住者的情绪。在一个以冷色为主的客厅中，可以通过暖色调的装饰品或家具，创造出温馨而舒适的氛围。

在现代设计中，单色调搭配也越来越受青睐。这种风格通过不同明度和饱和度的同一色相进行搭配，使得空间呈现出统一而和谐的效果。单色调搭配能够强调空间的简约感和现代感，适合追求极简风格的居住者。选择不同深浅的灰色进行墙面、地毯和家具的搭配，能够营造出一种低调而优雅的氛围。这种搭配方式也为后续的装饰和艺术品提供了良好的背景，使其更为突出。

在现代室内风格中，渐变色的运用也是一种创新的表现方式。通过颜色的渐变，能够在视觉上创造出丰富的层次感，使空间更加生动和立体。在一面墙上使用从浅蓝到深蓝的渐变，可以增加空间的深度感和视觉兴趣。这种方式不仅提升了空间的美感，也能够吸引视线，成为空间中的焦点。渐变色还可以运用于软装、窗帘和地毯等元素，为整体设计增添活力。

纹理和材料的结合也为现代室内色彩的运用提供了更多的可能性。不同的材料在光线下展现出的色彩和质感各异，通过巧妙地将不同材质与色彩结合，可以增加空间的层次和深度。使用哑光和亮光的对比，能够让空间看起来更具立体感。木材、金属、布艺等不同材料的结合，丰富了空间的视觉体验，也为色彩的运用增添了更多维度。

在现代室内设计中，艺术品和装饰品的选择同样能够影响色彩的整体效果。通过挑选具有强烈色彩的艺术品，可以为空间增添焦点，打破颜色的单调感。一幅色彩鲜艳的抽象画可以为以中性色为主的空间带来生机和活力。设计师可以根据艺术品的色彩来调整其他元素的搭配，确保整体设计的和谐性。艺术品不仅是装饰，更是情感和思想的表达，能够提升空间的文化内涵。

在当代设计趋势中，环保和可持续发展理念也逐渐渗透到室内色彩的运用中。越来越多的设计师选择使用自然色彩和可再生材料，以减少环境影响。自然色调如土色、草绿色和海蓝色，能够营造出与自然相呼应的舒适氛围。这种颜色的运用不仅提升了空间的生态感，还能够让居住者感受到宁静和放松。

现代室内风格中，色彩运用的灵活性使得设计师可以根据空间的特性和居住者的个性化需求进行调整。在不同的空间中，色彩的运用应体现出其功能和情感。儿童房的设计可以大胆运用鲜艳的色彩，激发孩子的创造力；而书房则应以冷静的色调为主，促进思考和专注。设计师需要在色彩的选择与搭配上考虑到空间的用途，确保设计能够满足居住者的实际需求。

现代室内风格中的色彩运用需要设计师具备敏锐的观察力和创造力。不断尝试不同的色彩组合和搭配，能够为设计带来意想不到的效果。在色彩的运用中，设计师也应关注流行趋势和技术的发展，如智能照明对色彩呈现的影响，或者新型材料的使用如何丰富空间的色彩表现。这些因素都将推动现代室内设计的不断演变，使其更具时代感和前瞻性。

（二）传统风格中的色彩表达

在传统室内设计中，不同的传统室内风格因其独特的文化背景和审美理念，在色彩运用上展现出各自的特点。这些色彩选择不仅影响空间的视觉效果，也传达了特定的情感和氛围。

东方传统风格，如中式和日式，在色彩表达上常强调和谐与自然。中式传统室内设计通常采用深色木材作为主材料，搭配沉稳的色彩如深红、金色、墨绿色等。这些颜色不仅反映了中国古典文化的深邃与厚重，也象征着富贵和吉祥。红色在中式设计中尤为重要，常用于门窗、家具和装饰品中，象征着幸福和繁荣。

日式室内设计则更加注重自然元素和简约风格。色彩选择上多以淡雅、柔和的色调为主，如米色、浅灰、淡绿等，营造出宁静与和谐的氛围。木材的自然纹理与色彩相结合，反映出对自然的敬重与亲近。在这种空间中，使用的色彩往往强调空间的通透感和明亮感，给人一种清新和舒适的居住体验。

西方传统室内设计，特别是欧洲的古典风格，色彩运用则表现出不同的文化特征。比如，巴洛克风格和洛可可风格常使用奢华的金色、象牙白、宝石蓝等色彩。这些颜色不仅体现了当时的贵族生活和奢华气息，也表现了对艺术与美的追求。在墙面和天花板上，常常可以看到精美的彩绘和金色装饰，增强了空间的华丽感。

而在北欧风格的传统设计中，色彩表达则以简约和实用为主。北欧设计多采用明亮的白色和柔和的中性色，如灰色、浅木色等，强调自然光的利用，给人一种清新、明亮的感觉。这种风格通过简单的色彩搭配，创造出温馨而舒适的家居环境。偶尔也会使用一些亮色作为点缀，增添空间的活力与趣味。

在地中海风格中，色彩选择常常受到海洋和阳光的影响。地中海地区的室内设计通常使用鲜艳的蓝色、白色、黄色等颜色，创造出一种轻松、愉悦的氛围。这些颜色象征着海洋、天空和阳光，给人一种明朗和开放的感觉。特别是在墙面、家具和织物的搭配中，这种色彩运用体现了对自然环境的赞美和生活方式的向往。

传统风格中的色彩表达也常与文化象征和地方特色相结合。在印度传统室内设计中，鲜艳的色彩是这一风格的显著特征。红色、橙色、金色和紫色等丰富的颜色不仅反映了印度文化的多元与活力，也在空间中传递出热情和喜庆的氛围。常常可以看到大量的手工艺品和织物，它们的色彩和图案交织在一起，形成独特的视觉效果。

在阿拉伯传统室内设计中，色彩运用同样富有特色。深色的墙面、金色的装饰与丰富的纹理相结合，创造出一种奢华和神秘的氛围。常见的颜色包括深红、金黄和宝蓝，这些颜色往往与传统的马赛克拼贴、手工地毯相结合，展现出浓厚的文化底蕴和艺术气息。

色彩在传统室内风格中的运用，不仅仅是视觉的呈现，更是对历史和文化的传承与表达。每一种颜色的选择都蕴含着深厚的文化寓意，能够引起人们情感上的共鸣。白色在许多文化中代表着纯洁和宁静，因此常被用于卧室和冥想空间，以促进放松和内心的平静。

通过色彩的搭配与运用，传统室内设计创造了视觉上的美感，强化了空间的功能性和舒适度。在家庭生活中，不同颜色的运用能够影响居住者的情绪和行为，带来不同的生活体验。在传统室内设计中，色彩的选择与空间功能密切相关，合理的色彩搭配能够提高生活质量。

现代设计在继承传统色彩表达的基础上，也开始融入更多的当代元素。设计师在色彩选择上更加注重个性化和创新性，常常通过大胆的色彩搭配来展现个体的审美与生活方式。将传统的色彩与现代材料结合，通过对比与层次感，创造出新的空间体验。

第三节　装饰材料特性与选择原则

一、装饰材料的特性

（一）物理特性

装饰材料的物理特性对于室内设计和建筑领域具有重要的影响。选择合适的材料不仅关乎美观，还关系到空间的功能性、舒适度和耐用性。下面将从几个关键方面探讨装饰材料的物理特性，包括密度、强度、导热性、吸音性、抗水性及耐久性等。

密度是装饰材料的一个基本物理特性，指的是单位体积材料的质量。密度影响着材料的重量和手感，直接关系到施工和使用的便捷性。较高密度的材料，如石材和某些金属，通常具有较好的强度和耐久性，适合用于地面或墙面装饰。过高的密度可能增加施工的难度和成本。在选择装饰材料时，需要根据具体的设计要求和使用环境来综合考虑。

强度是指材料抵抗外力或压力的能力，通常包括抗拉强度、抗压强度和抗弯强度等。强度高的材料能够承受更大的负荷，适合用于承重结构或频繁使用的表面。混凝土和钢材的强度非常高，适合于建筑结构，而一些木材虽然强度较低，但在合理设计和使用下，仍然可以用于墙面或地板等装饰用途。理解不同材料的强度特性，对于保证结构的安全性和耐用性至关重要。

导热性是材料传导热量的能力，通常用导热系数来表示。导热性好的材料能够快速传递热量，适合用于需要保温或散热的环境。金属的导热性较强，适合于厨房或浴室等需要快速散热的空间。而一些保温材料，如泡沫塑料和岩棉，则具有较低的导热性，能够有效保持室内温度，适合用于外墙和天花板的保温层。了解材料的导热性，有助于在节能设计中选择合适的装饰材料。

吸音性能好的材料能够减少噪声的传播，提升空间的舒适度。软性材料，如织物、地毯和某些泡沫材料，通常具有较好的吸音效果，适合用于会议室、音乐室和家庭影院等需要良好声学环境的空间。此外，硬质材料，如瓷砖和玻璃，吸音效果较差，适合用于需要清晰声音传播的环境，如商店和餐厅。在设计中，应根据空间的声学需求选择合适的装饰材料。

防水性能好的材料，能够有效避免因水分侵入而导致的霉变、腐烂或其他损害。瓷砖和塑料材料的抗水性较强，常用于厨房和浴室的墙面和地面装饰。而木材的抗水性相对较弱，通常需要经过特殊处理才能在潮湿环境中使用。了解材料的抗水性，可以帮助设计师选择合适的材料，以提升空间的耐用性和舒适度。

耐久性是指材料在长期使用过程中抵抗各种外部因素（如物理磨损、化学腐蚀和环境变化等）的能力。耐久性好的材料通常能在恶劣条件下保持稳定的性能和外观。石材和金属在耐久性方面表现优异，适合用于高频使用的地面和外立面装饰。而一些塑料材料虽然轻便，但在长期暴露于阳光和气候变化下，可能会出现褪色或老化的问题。在选择装饰材料时，需要考虑其使用环境和预期寿命，以确保材料的长期可靠性。

不同材料在温度变化时会发生不同程度的膨胀或收缩，过大的热膨胀差异可能导致材料间的接合部位出现裂缝或脱落。金属材料的热膨胀性较大，而陶瓷材料则相对较小。在设计中，考虑到材料的热膨胀性，可以有效避免后期使用中的问题，确保装饰效果的持久性。

颜色不仅影响空间的美观和氛围，还对光的反射和吸收产生影响。光泽度则关系到材料表面反射光线的能力，影响视觉效果和空间感。高光泽度的材料能够增加空间的亮度，使空间显得更加开阔，而哑光材料则能够营造出柔和和温暖的氛围。根据不同的设计需求，选择合适的颜色和光泽度，可以有效提升空间的整体效果。

随着可持续发展理念的普及，越来越多的装饰材料开始注重环保特性，包括材料的生产过程、使用的原料和材料的可回收性等。选择环保材料不仅有助于保护环境，还能提高室内空气质量，增强居住者的健康感。在选择装饰材料时，应关注其环保性能，确保其符合现代生活的可持续发展要求。

不同材料的加工难度和成本各异，设计师需要根据具体的设计方案和预算来选择合适的材料。木材和塑料易于加工，适合复杂的造型设计，而金属和玻璃则可能需要特殊的加工设备和技术。在设计中，考虑到材料的易加工性，可以更好地实现创意设计，并提高施工效率。

（二）化学特性

装饰材料的化学特性直接影响到材料的性能、耐用性以及安全性。理解这些化学特性不仅有助于选择合适的材料，也对环保和可持续设计具有重要意义。

装饰材料的化学特性包括其组成成分、反应性、耐久性和稳定性等。不同材料的化学组成决定了其物理和化学性能。木材作为一种常见的装饰材料，主要由纤维素、半纤维素和木质素等有机化合物构成。这些成分赋予了木材良好的强度和弹性，但同时也使其易于受到湿气和生物腐蚀的影响。木材在使用前常需经过防腐处理，以增强其耐久性和稳定性。

与木材相比，金属材料如铝、钢和不锈钢等，其化学特性表现出不同的特点。金属的主要成分是金属元素，它们通常具有良好的强度和耐用性，但容易发生氧化反应。铁在潮湿环境中容易生锈，形成铁锈（氧化铁），这不仅影响美观，还会降低材料的强度。为此，在室内设计中，常通过喷涂防锈漆或使用不锈钢等耐腐蚀材料来延长金属的使用寿命。

陶瓷和玻璃作为另一类常见的装饰材料，其化学特性同样重要。陶瓷材料通常由黏土、石英和长石等无机物质经过高温烧制而成。其主要特性是高硬度、耐磨损和耐热性，但相对脆弱，容易受到冲击而破裂。了解陶瓷的化学组成可以帮助设计师在选择瓷砖或陶器时，考虑其使用环境，确保材料的适用性和安全性。

玻璃的化学特性则更加复杂，通常由二氧化硅、碳酸钠和氧化铝等成分构成。玻璃具有优良的透明性和化学稳定性，但在高温下容易软化。在建筑中，需特别注意其热膨胀性和抗冲击性。在室内设计中，使用钢化玻璃可以增强其抗冲击能力，确保安全性。

合成材料，如塑料和复合材料，近年来在装饰设计中越来越受青睐。塑料材料通常由聚合物构成，其化学特性表现出轻质、耐腐蚀和易加工的优势。不同类型的塑料在耐热性、耐候性和可回收性方面存在差异。比如，聚氯乙烯（PVC）常用于地板和墙面装饰，但其在高温下可能释放有害气体，因此在选择时需特别关注材料的环保性能。

在选择装饰材料时，化学特性对环境友好性和可持续性也有着重要影响。许多传统材料在生产和使用过程中可能释放有害物质，影响室内空气质量。一些油漆和涂料中可能含有挥发性有机化合物（VOCs），这些物质在室温下易挥发，会对人体健康产生负面影响。选择低 VOCs 或无 VOCs 的环保涂料，是提高室内环境质量的重要措施。

材料的耐火性也是选择装饰材料时需要重点考虑的化学特性。不同材料对火焰和热量的反应存在显著差异。金属通常具有良好的耐火性，而木材和塑料在高温下易燃。住宅设计中，选用防火材料能够有效提高建筑的安全性。耐火材料如石膏板和防火涂料，能够延缓火灾蔓延，为人员撤离和灭火争取宝贵时间。

在室内设计中，材料的表面处理也可以显著影响其化学性能。通过涂层、表面处理剂或密封剂，可以增强材料的耐久性、抗污性和防水性。在木材表面涂覆透明的防水涂料，不仅可以保护木材不受潮湿影响，还能延长其使用寿命。类似地，金属表面可通过电镀或喷涂处理，提高其耐腐蚀性能。

对环境保护和可持续设计而言，选择可回收或可再生材料是一个重要的趋势。许多现代装饰材料，如再生木材、可回收塑料和绿色建筑材料，经过精心设计和加工，不仅具备优良的性能，还能减少资源的消耗和废弃物的产生。这些材料通常经过科学的化学处理，以确保在使用过程中的安全性和耐久性。

装饰材料的化学特性在室内设计中起着关键作用，影响着空间的美观性、舒适性和安全性。设计师在选择材料时，应综合考虑其化学组成、物理性能、环境影响等因素，确保材料的适用性和安全性。通过科学合理的选择，可以创造出既美观又环保的室内空间，提高居住者的生活质量和健康水平。

二、装饰材料的选择原则

（一）环境适应性

在室内设计中，装饰材料的选择至关重要，直接影响空间的美观、功能和舒适度。环境适应性是选择装饰材料时需要重点考虑的原则之一。环境适应性不仅指材料在特定环境中的表现，还涉及材料与空间使用性质、气候条件和人类活动的关系。下面将从多个方面探讨装饰材料选择中的环境适应性原则。

材料的耐久性是环境适应性的重要指标。耐久性强的材料能够在长期使用中保持稳定的性能和外观，减少维护和更换的频率。此外，在湿度较高的环境（如厨房和卫生间），选择抗水性强的材料同样重要。防水瓷砖和防潮木材可以有效避免因水分引起的腐烂和发霉，保持空间的卫生和美观。

在炎热潮湿的气候中，使用具有良好隔热性能的材料可以帮助降低室内温度，提升舒适度。轻质材料（如泡沫聚苯乙烯或岩棉）可用于墙体和屋顶的保温，减少空调的使用，提高能效。在寒冷的气候中，选择具有良好保温性能的材料，如木材或高效绝热材料，可以有效防止热量的散失，保持室内温暖。在选择材料时，设计师需要考虑到当地的气候条件，确保材料能适应特定的环境需求。

环境的光照条件同样对装饰材料的选择有着直接影响。自然光的强度、方向和变化会影响材料颜色和质感的呈现。在阳光直射的房间，选择耐光性强的材料（如防紫外线的窗帘和涂料）可以有效防止色彩褪色和材料老化。相对而言，在光线较弱的空间，可以考虑使用明亮的材料和色彩，以提升空间的明亮感和视觉吸引力。反射性材料在光线充足的环境中可以增强光线的分布，创造开阔明亮的感觉。镜面不锈钢和玻璃的使用，能够在阳光照射下产生良好的反射效果，提升空间的活力。

在选择材料时，设计师需要考虑其生产过程对环境的影响，以及材料本身的可回收性。采用可再生资源（如竹材或再生塑料）的材料，不仅减少了对自然资源的消耗，还能在使用后进行回收，减轻环境负担。低挥发性有机化合物涂料和黏合剂在室内空气质量方面表现优异，有助于创造健康的居住环境。关注材料的环保性和可持续性，有助于设计出符合现代生态理念的空间。

除了上述因素，材料的保养与维护也是环境适应性的重要考虑。选择易于清洁和维护的材料，能够减轻居住者的日常维护负担。在家庭环境中，耐污性强的材料（如抗污涂料）或易清洁的表面材料可以减少清理的工作量。

（二）成本效益

在室内设计和建筑中，装饰材料的选择至关重要，影响着空间的美观性、功能性和经济性。成本效益原则在装饰材料的选择过程中发挥着核心作用，要求设计师在确保美观和功能的前提下，最大限度地降低成本，从而实现最佳的投资回报。

理解成本效益的概念至关重要。成本效益分析是一种评估不同选择对成本与收益的综合衡量方法。在装饰材料的选择中，成本不仅包括材料的采购价格，还需考虑到后续的维护费用、使用寿命以及潜在的环境影响等。材料的初始成本和长期使用成本都应纳入考虑范围。

在选择装饰材料时，首先要评估材料的初始成本。不同类型的材料价格差异显著，如木材、金属、陶瓷、塑料等。在预算有限的情况下，合理选择材料至关重要。高档材料虽然在外观和性能上表现出色，但也会显著提高项目成本。设计师需综合考虑材料的性价比，以确保在预算内实现设计目标。

材料的耐用性是成本效益的重要指标。耐用材料在使用过程中更能抵御磨损和环境影响，从而减少更换频率和维护成本。选择耐磨的地板材料（如瓷砖或复合木地板），可以有效降低未来的维修和更换成本。相比之下，容易磨损的材料在短期内看似便宜，但长期使用后，维护和更换的费用可能会大幅上升。评估材料的耐用性与使用寿命，可以帮助设计师更好地进行成本效益分析。

在考虑材料的使用寿命时，环境因素也应纳入考量。材料在特定环境中的表现（如湿度、温度、光照等）会直接影响其耐久性。比如，在潮湿环境中，木材如果没有经过良好的处理，可能会快速腐烂或变形。选择适应性强、耐环境变化的材料，不仅能提升空间的整体品质，还能减少维护和更换的频率，从而实现更高的成本效益。

另一个重要的考量是材料的维护和清洁成本。不同材料在日常使用中的维护需求差异较大。天然石材虽然外观高档，但其表面需要定期打蜡和清洗，以保持其光泽和防水性能。而瓷砖则相对容易清洁，日常维护成本较低。在选择材料时，需要评估其日常维护的便利性和成本，确保材料的使用能够带来较低的后期支出。

使用低挥发性有机化合物材料、可回收材料及再生材料，不仅有助于保护环境，还有可能降低运营成本。使用环保涂料虽然初始成本可能较高，但其对室内空气质量的积极影响能够提升居住者的健康，从而减少医疗费用。长远来看，环保材料的投资往往能带来更高的经济回报。

在装饰材料的选择过程中，设计师还需考虑材料的美观性与功能性之间的平衡。材料的视觉效果和触感在空间的整体氛围中起着重要作用。在保证成本效益的同时不能忽视材料的美学价值。合理的材料搭配能够提升空间的吸引力，从而增加房产的价值。在住宅设计中，选用符合整体风格的装饰材料，不仅能提升居住舒适度，还能增加市场竞争力。

通过对不同供应商的评估，可以获得更具竞争力的价格和更好的服务。与供应商建立长期合作关系，可能会带来额外的折扣或服务优势。考虑到运输和交付成本，选择本地材料供应商能够减少物流费用，提高整体效益。

某些特殊材料可能因生产周期长或供应不稳定而导致高额的采购成本。在项目规划阶段，了解材料的市场供应状况，选择易于获取的材料，可以减少项目延误和额外成本的风险。设计师在选择材料时，不仅要关注其性能和价格，还需综合考虑市场趋势和可获取性。

第四节　新材料对空间质感的提升

一、新材料的特性与优势

（一）轻质高强

新材料的出现极大地推动了建筑、室内设计和其他领域的发展。其中，轻质高强材料因其独特的物理特性和应用优势，受到广泛关注。轻质高强材料通常具有较低的密度和较高的强度，能够在保持结构稳定性的同时显著减轻整体重量。这些特性使得其在现代工程和设计中发挥着重要作用。

轻质高强材料在建筑和结构设计中的应用尤为显著。传统材料如混凝土和钢材，虽然强度高，但往往伴随着较大的重量。轻质高强材料的引入，能够有效降低建筑物的自重，减少基础负担。这种特性对于高层建筑和大跨度结构尤为重要。使用碳纤维增强复合材料，可以在保证结构强度的同时降低构件的重量，从而减轻对基础的要求。这不仅降低了施工成本，还能提高施工效率，缩短工期。

由于重量轻，这类材料在运输时的费用和人力成本相对较低。安装过程中的操作也更加便捷，减少了对重型机械设备的依赖。在一些复杂的施工环境中，轻质高强材料的优势尤为突出。例如，在城市中心的高楼施工，通常空间有限，使用重型设备的难度较大，轻质材料可以大幅提升施工的灵活性。

在节能方面，轻质高强材料同样展现出其独特优势。由于其优良的强度重量比，这类材料能够有效减少建筑物的能耗。轻质高强材料通常具有良好的绝热性能，能够降低建筑的能源消耗，提升居住的舒适度。在现代建筑中，采用这类材料可以在一定程度上实现绿色建筑标准，减少对环境的负面影响。结合其他环保材料使用，轻质高强材料能够为建筑提供更全面的节能解决方案。

在地震频发地区，建筑的抗震性能至关重要。轻质高强材料的低密度特性，可以有效降低建筑的重心，从而提高抗震性能。在强震发生时，轻质高强材料能够吸收和分散震动能量，减少建筑物的损伤。这种优势使得轻质高强材料成为高抗震建筑设计中的重要选择，能够在极端条件下保护居住者的安全。

在美学设计方面，轻质高强材料也提供了更多的可能性。许多轻质高强材料在造型和表面处理上具有很大的灵活性，能够满足现代设计中对形式和功能的多样化需求。利用轻质复合材料，可以实现复杂的几何形状和独特的外观设计，使室内空间更具视觉吸引力。这种材料的可塑性和适应性，为设计师提供了丰富的创作空间，激发了创新思维。

轻质高强材料在施工过程中的耐用性和长期表现同样受到关注。这类材料通常具备良好的抗腐蚀性、抗老化性和耐磨性，可以在多种环境条件下保持稳定的性能。相比传统材料，轻质高强材料在维护和更换方面的需求较低，从而降低了长期的运营成本。无论是在潮湿环境、极端温度还是其他恶劣条件下，这类材料都能展现出较强的适应能力。

许多新材料不仅具备轻质和高强的特性，还强调环保和可回收性。在生产过程中，采用可再生资源和低能耗工艺，有助于减少对环境的影响。材料的可回收性确保在生命周期结束后，材料能够再次被利用，降低资源浪费。随着可持续发展理念的深入人心，轻质高强材料将继续在建筑、交通、家具等领域发挥重要作用。

（二）环保性能

新材料的开发与应用在室内设计中日益受到重视，尤其在环保性能方面，新材料的优势显得尤为突出。这些新材料不仅能满足日益严格的环保标准，还能在一定程度上改善人们的生活质量，促进可持续发展。

新材料的环保性能体现在其原材料的来源上。许多新材料采用可再生资源或循环利用材料，这有助于减少对天然资源的消耗。生物基材料，如聚乳酸（PLA），是从玉米淀粉等可再生资源中提取的，这种材料在生产过程中相对传统塑料消耗更少的能源，并在使用后能够进行生物降解，减少环境污染。利用工业废料或再生塑料生产的新型复合材料，不仅降低了生产成本，还有效减少了废弃物的排放，促进了资源的循环利用。

传统材料的生产通常涉及大量的能源消耗和有害物质的排放，而新材料的制造技术则趋向于更为环保的工艺。低温固化技术、无溶剂涂料和水性涂料等新工艺，不仅降低了生产过程中的能耗，还减少了有害挥发性有机化合物（VOCs）的释放。这些新技术的采用，有助于改善工作环境和周边生态系统，降低对人体健康的潜在威胁。

在使用阶段，新材料的环保性能同样不可忽视。现代绝热材料如真空绝热板（VIP）和聚氨酯泡沫材料，具有优异的热绝缘性能，可以显著降低建筑的能源消耗。通过提高建筑的能效，这些材料在减少供暖和制冷需求的同时也降低了二氧化碳排放，有助于减缓全球变暖。许多新型窗户和外墙材料具备自清洁功能，通过光催化反应或超疏水涂层，有效减少了清洁剂的使用，降低了环境负担。

传统建筑材料在使用过程中可能释放出有害物质，如甲醛和苯等，导致室内空气污染。而许多新材料，如低 VOCs 涂料和环保地板，经过特殊处理，可以减少或消除有害物质的释放。选用这些环保材料，有助于改善室内空气质量，提供更健康的生活环境，降低居住者的健康风险。

许多新材料具有优越的耐腐蚀、耐磨损和抗老化性能，这延长了材料的使用寿命，减少了频繁更换和维修所带来的资源浪费。采用聚合物基复合材料的建筑外墙，既美观又具备良好的耐候性，能够抵御恶劣气候的影响，从而减少维护需求，降低生命周期的环境负担。

在设计和施工过程中，新材料的应用也为环保提供了新的思路。模块化建筑和预制构件的使用使得建筑过程更加高效，能够有效降低施工对环境的影响。新材料的轻质特性使得建筑结构更加简化，减少了材料的用量和运输的能源消耗。这些新材料的应用也推动了建筑工业向数字化和智能化方向发展，通过计算机辅助设计（CAD）和建筑信息模型（BIM），可以更精确地控制材料的使用，优化资源配置，降低浪费。

许多新材料在开发过程中，都会进行全面的生命周期评估，以确保从原材料获取、生产、使用到废弃处理的每一个环节对环境影响都最小化。这种全生命周期的视角，有助于开发更加可持续的材料，推动建筑行业向绿色发展转型。

最后，新材料的社会效益也不可忽视。随着人们环保意识的提升，市场对绿色建筑材料的需求不断增加。采用环保新材料的建筑，不仅能提升物业的市场竞争力，还能增加居住者的满意度。这种市场趋势促使更多企业投资于新材料的研发和生产，形成了良性的循环，推动行业整体向可持续发展迈进。

二、新材料对空间质感的提升

（一）视觉效果

新材料的应用对空间质感的提升及视觉效果的改变起着至关重要的作用。在现代设计中，材料不仅仅是建筑和室内装饰的基本构成元素，更是影响整体氛围、功能性和美学表现的关键因素。通过对新材料的创新运用，设计师能够创造出独特的空间体验。

新材料的多样性为空间设计提供了丰富的选择。轻质复合材料、玻璃纤维和高性能塑料等新型材料，具有良好的可塑性和设计灵活性。这些材料可以轻松塑造成各种形状和结构，使得设计师能够打破传统设计的局限，实现更加复杂和创新的设计理念。通过运用这些新材料，空间的视觉层次感和动感得以增强，从而营造出与众不同的视觉效果。

光线的反射和折射特性在新材料中得到了充分发挥。许多现代材料，如高光泽的金属、玻璃和镜面涂料，能够有效地反射和折射光线，增强空间的亮度和开阔感。这种光学效果既能使空间显得更为明亮，还能通过光线的变化带来不同的氛围。而在居住空间中，合理利用自然光与新材料的反射特性，可以提升居住者的舒适感和幸福感。

现代设计强调材料的触感与视觉体验，许多新材料通过独特的表面处理和纹理设计，提供了丰富的触感体验。经过特殊处理的木材、石材或金属，能够展现出独特的质感和温度感，增强空间的层次感和细腻度。

颜色的运用同样是新材料在空间质感提升中不可忽视的因素。现代新材料常常采用多样的色彩和色彩组合，能够为空间注入活力与个性。通过选择适当的颜色，新材料可以影响空间的情绪和氛围。

越来越多的新材料关注生态环境，采用可再生资源和低能耗的生产工艺。这些材料不仅在视觉上具有吸引力，更能在触感和体验上带来全新的感受。使用竹材、再生塑料等材料，既符合可持续发展的理念，又能为空间增添自然和温暖的氛围。这种环保材料的运用，提升了空间的文化内涵和设计深度，使得空间更具吸引力。

新材料的创新技术使得设计师可以实现更高的功能性。智能材料和自适应材料的出现，使得空间能够根据外部环境变化进行调整。这类材料在视觉效果上具有独特的表现力，可以根据光线、温度或湿度的变化改变颜色或形态，为空间带来动态的视觉体验。这种动态效果不仅增强了空间的互动性，也提升了其功能性，使得空间使用更加灵活和舒适。

通过将不同性质的新材料进行搭配，能够创造出丰富的视觉层次和对比感。将金属、木材和玻璃结合使用，可以形成冷暖对比，增强空间的视觉冲击力。设计师可以利用不同材料的特性，形成互补和对比，从而提升空间的整体美感和功能。

随着科技的进步，新材料的研究与开发将不断涌现出更多创新性和功能性的材料。这些新材料将为设计师提供更广阔的创作空间，使得空间设计不仅限于静态的外观，更加关注动态的体验和互动。未来的空间设计将会更加注重人性化、生态化和智能化，提升整体的视觉效果与使用体验。

（二）触觉体验

新材料在现代室内设计和建筑中日益重要，其在提升空间质感和触觉体验方面的作用不可忽视。随着设计理念的不断发展，材料不仅仅被视为功能性元素，更成为塑造空间氛围和增强感官体验的重要工具。

新材料的多样性使得设计师能够在不同空间中创造出独特的质感。各种材料如金属、木材、陶瓷、玻璃、复合材料等各具特色，能够通过不同的表面处理和形态设计，赋予空间不同的触感和视觉效果。抛光金属表面给人以冷冽、现代的感觉，而自然纹理的实木则传达出温暖、亲近自然的氛围。在设计中，材料的选择与搭配直接影响着空间的情感表达，使得空间不仅是功能的承载体，也是情感的传递者。

不同的材料表面处理方式会给人带来截然不同的触感体验。光滑的玻璃和金属表面通常给人以冷静、清晰的感受，而粗糙的混凝土或石材则能带来一种原始、自然的触感。通过这些不同的触觉体验，设计师能够引导居住者的情感反应，使其在空间中感受到舒适与愉悦。在住宅设计中，使用柔软的织物和温暖的木材可以提升居住者的舒适感；而在商业空间中，选择冷硬的材料可以营造出专业和高效的氛围。

触觉体验还与空间的功能性密切相关。公共空间如酒店大堂、办公室等，需要通过材料的触感来营造开放、包容的氛围。在酒店大堂使用温暖的木质地板和柔软的沙发材料，可以让客人感到放松和舒适。

智能材料的出现使得空间设计可以结合互动性和感知性。某些材料可以根据环境变化自动调节其表面温度或质感，为使用者提供更为舒适的体验。这种科技感的触觉体验，能够在现代空间中增加趣味性与互动性，使得空间更加生动。

在细节设计方面，新材料的运用能够提升空间的层次感和精致度。通过对材料质感的细致选择与搭配，设计师能够创造出丰富的视觉与触觉层次感。在一个空间中，结合使用光滑的金属、粗糙的石材和柔软的织物，可以营造出一种对比鲜明的触感体验，使空间更具吸引力。装饰细节如缝线、拼接、表面处理等都可以进一步丰富触觉体验，使得空间在视觉和触觉上都达到和谐统一。

新材料的创新性使得空间设计的可能性更为广泛。3D 打印材料的应用，能够根据设计师的创意需求，创造出独特的形状和质感。这种灵活性不仅提升了设计的自由度，还能在触觉上为使用者带来新鲜感和趣味性。通过这些创新材料的使用，空间设计可以突破传统的界限，形成独特的艺术表现。

在空间的整体布局中，新材料的选择也影响着视觉引导与流动感。设计师通过材料的颜色、质感和光泽度，能够引导使用者的视线与触觉体验。在长走廊中，选择光滑的瓷砖与柔软的地毯相结合，既能引导步伐的流动，又能在触觉上带来不同的体验。这种巧妙的材料运用，不仅提升了空间的实用性，也让使用者在行走中感受到不同的触觉变化，增强了空间的层次感。

第五章　家具与陈设美学

第一节　家具的选择与布局

一、家具的选择

（一）风格与功能的匹配

家具的选择在室内设计中占据着重要的地位，它不仅影响着空间的功能性，还直接关系着整体的风格和氛围。合理的家具选择应在风格与功能之间达到平衡，以确保空间既美观又实用。以下将从多个角度探讨家具选择中的风格与功能匹配。

了解空间的用途是选择家具的第一步。不同的空间有不同的功能需求，如客厅、卧室、书房和餐厅等。在选择家具时，应考虑到该空间的主要活动和使用需求。客厅通常是家庭成员聚集的地方，适合选择舒适的沙发和茶几，以便于日常交流和活动；而卧室则应以舒适为主，选择适合的床和床头柜，营造一个放松的氛围；书房则需要考虑工作和学习的需求，书桌和书架的选择要兼顾实用性和设计感。明确空间用途是实现风格与功能匹配的基础。

常见的风格有现代简约、工业风、田园风、复古风等，每种风格都有其独特的视觉语言和氛围。选择与整体风格一致的家具，可以增强空间的协调性和美感。在现代简约风格的空间中，宜选择线条简洁、颜色素雅的家具，以保持整体的简约感。而在田园风格的空间中，选择带有自然纹理和柔和色彩的家具，则能更好地营造出温馨自然的氛围。协调的风格提升了空间的视觉效果，使居住者感到更为舒适和放松。

在功能性方面，家具的选择也需考虑到实用性与灵活性。随着生活方式的变化，现代家庭对家具的功能需求越来越多样化。多功能家具如可折叠的餐桌、沙发床和储物柜等，可以最大限度地提高空间利用率，特别适合小户型或功能需求多样的家庭。

这些家具不仅具备基本的功能，还能在需要时灵活转换用途，满足不同的使用场景。选择储物功能强大的家具（如带抽屉的床、储物柜等），也能够有效减少空间的杂乱感，提升空间的整洁度。

不同的材料不仅影响家具的外观，还直接关系着其耐用性和舒适度。实木家具通常给人温暖、自然的感觉，适合于田园风格或复古风格的空间；而金属和玻璃材料则更具现代感，适合用于现代简约或工业风格的空间。在功能上，选择适合的材料可以提升家具的使用寿命，如耐磨的面料和防水的涂层可以增强日常使用的便利性和持久性。在选择家具时，材料的特性应与其功能和整体风格相结合。

在选择家具时，色彩的搭配也不可忽视。家具的颜色应与整体室内色彩方案相协调，以达到视觉上的统一感。若室内墙壁和地板采用明亮的色调，选择家具时可以考虑中性色或深色调，以形成对比和层次感；而若室内色调较为沉稳，选用亮色家具则能为空间增添活力和趣味。合理的色彩搭配不仅能够提升空间的视觉效果，还能影响居住者的情绪和心理感受。

选择合适尺寸的家具可以避免空间的拥挤或空旷，特别是在小户型中，家具的尺寸比例更为重要。应选择与空间大小相适应的家具，确保空间的流动性和舒适度。过大的沙发可能会压缩客厅的活动空间，而过小的餐桌则可能无法满足家庭聚餐的需求。家具的尺度与空间的整体比例应相协调，以营造舒适而实用的环境。

不同材料和风格的家具在日常使用中对清洁和保养的要求各异。布艺沙发可能需要定期清洗，而实木家具则需要适当的打蜡和保养。在选择家具时，了解其维护需求并结合自己的生活习惯，选择更易于保养的家具，可以提高使用的便利性和舒适感。

（二）材质与耐用性

新材料在室内设计中扮演着至关重要的角色，尤其在提升空间质感、耐用性及整体美观性方面表现出色。随着科技的不断进步和人们生活方式的变化，材料的选择不仅仅基于其外观或成本，而是更加注重其功能性、耐用性和可持续性。这一转变为空间设计带来了更多可能性，提升了居住者的生活品质。

耐用性是评估材料质量的重要标准。高耐用性的材料能够承受日常使用中的磨损，减少更换和维修的频率，从而降低长期使用成本。

在材料的选择中，防水性和防潮性同样是耐用性的重要考量。许多新型材料，如防水复合材料和高性能塑料，能够有效抵御水分和湿气，特别适合厨房和卫生间等潮湿环境。传统材料如木材在潮湿条件下容易变形和腐烂，而新材料的应用则大幅提高了这些空间的耐用性，保证了家具和装饰的长久使用。

新材料在耐热和耐冷性能上的优越性也不可忽视。随着全球气候变化的加剧，建筑内的温度波动对材料的要求越来越高。采用具有良好隔热性能的材料，如真空绝热板和高效聚氨酯泡沫，能够有效减少能量损耗，提高室内的舒适度。这种耐热和耐冷的材料能够帮助调节室内温度，减少空调和取暖的能耗，从而为用户带来经济上的收益。

现代生活中，室内空气质量日益受到关注，选用易清洁且不易沾染污垢的材料成为设计的重要方向。采用防污涂层的家具和表面处理，能够有效降低清洁的难度，使空间在日常使用中保持良好的状态。这种材料不仅提升了空间的使用体验，还延长了家具的使用寿命。

通过对不同材质的巧妙搭配，可以在视觉上创造出层次感和丰富性。将温暖的木材与冷冽的金属结合，既能体现现代感，又能营造出温馨的氛围。这种搭配不仅提升了空间的美观，还增强了触觉体验，在让使用者在视觉和触觉上都能感受到丰富的层次感。

在空间的不同区域，材料的选择应根据功能需求进行合理安排。在客厅中，舒适的沙发和柔软的地毯能够提升整体的舒适度，而在厨房和餐厅中，耐磨、易清洁的材料则更为重要。通过在不同功能区域选择合适的材料，可以更好地满足居住者的需求，同时提升空间的整体质感。

在考虑耐用性时设计师还需关注材料的维护和保养。许多高性能材料虽然耐用，但可能在清洁和维护上需要特别的注意。在选择材料时，应考虑到其维护成本和清洁难度，从而帮助居住者在日常使用中减少麻烦，保持空间的美观与整洁。

二、家具的布局

（一）功能区的划分

家具功能区的划分是室内设计中至关重要的一环，它不仅影响着空间的使用效率，还直接关系着居住者的生活品质和舒适度。通过合理的家具布局和功能区划分，可以实现空间的最大化利用，提升整体美感，营造出和谐的居住环境。

明确不同功能区的需求是划分家具功能区的基础。在家庭中，常见的功能区包括客厅、餐厅、卧室、书房、厨房和卫生间等。每个区域都有其特定的使用目的和活动需求。客厅通常是社交和娱乐的主要场所，需要配备舒适的沙发、茶几、电视柜等家具，以便于家庭成员和客人聚会、休闲。在设计客厅时，除了考虑家具的舒适性，还需注意视听效果的布置，使空间既美观又功能齐全。

餐厅是家庭用餐和社交的重要空间，因此在功能区划分中，餐桌和餐椅是核心家具。餐厅的布局应考虑到用餐的便利性和流动性，确保家人在用餐时有足够的空间进行互动和交流。选择适合的餐桌尺寸和形状也很关键，长方形的餐桌适合大多数家庭；

而圆形餐桌则更能营造温馨的氛围，促进亲密感。

卧室作为私人空间，主要以休息和放松为主，因此在功能区划分时，应注重床的选择、床头柜的布局以及衣柜的安排。床的位置应尽量远离门口，以保障隐私和安静。床头柜应方便存取日常用品，衣柜的设计要合理，确保储物空间充足且易于使用。在卧室中，灯光的布局也非常重要，应选择柔和的灯光，营造出温馨、放松的氛围。

书房的设计则侧重于工作和学习功能。在划分书房的功能区时，书桌和书椅的选择至关重要，设计应考虑到人体工程学，以提高工作效率。书架的设置应兼顾美观和实用，方便存放书籍和资料。

厨房是家庭烹饪和饮食准备的场所，其功能区划分应充分考虑工作流程的合理性。常见的厨房布局有“工作三角”原则，即灶台、水槽和冰箱之间的合理距离，以提高烹饪效率。在家具选择上，橱柜的设计需要注重储物功能，同时应选择易于清洁的材料。厨房的照明设计也不可忽视，充足且均匀的光线能够提升烹饪的安全性和便利性。

卫生间作为家庭生活的重要部分，功能区的划分同样需要合理。卫生间的布局应考虑到空间的使用便捷性，常见的设施包括洗手池、马桶和淋浴区或浴缸。在选择卫生间家具时，应考虑防水和耐潮湿的材料，确保长期使用的耐用性。卫生间的通风设计也十分重要，良好的通风可以有效防止霉菌滋生，保持空间干燥与清新。

在划分家具功能区时，开放式布局也越来越受到欢迎，尤其是在现代家庭中。开放式客厅和餐厅的结合，不仅可以增加空间的通透感，还能促进家庭成员之间的互动。这种设计通常要求家具的选择和布局需更加精致，以确保各个功能区之间的过渡自然。比如，利用高脚椅和吧台可以将厨房与餐厅自然连接，同时增添空间的趣味性。

多功能家具的使用可以有效提升空间的利用率。沙发床、折叠桌和储物凳等，能够根据不同的使用需求灵活变换，适应多种场景。这类家具特别适合小户型或空间较为狭小的居住环境，使得功能区划分更加灵活和实用。

家具的布局也应考虑到流动性和视觉效果。功能区之间的动线应流畅，避免阻碍人的移动。在家具的摆放上，适当的留白可以使空间显得更为宽敞，增加视觉的舒适感。注意家具的高度和比例，使整体布局协调统一。高低错落的设计可以增加空间的层次感，避免单调。

家具的风格与色彩搭配也是划分功能区的重要方面。不同风格的家具应与整体空间风格一致，以增强空间的和谐感。现代简约风格的家居环境中，宜选用线条简洁的家具，而田园风格则更适合温暖、自然的材料和色彩。通过色彩的运用，功能区也能形成明确的视觉分隔，提升空间的趣味性和美观度。

在划分功能区时，考虑到人性化设计也十分重要。家具的选择应满足不同居住者的需求，特别是在多代同堂或有小孩的家庭中，应关注家具的安全性与易用性。角落圆润的家具能够有效避免碰撞带来的伤害，而可调节高度的桌椅则适合不同年龄段的人群使用。

（二）动线与空间流动性

家具动线与空间流动性在室内设计中具有至关重要的作用。良好的动线设计不仅能提高空间的使用效率，还能增强居住者的舒适感和生活质量。在设计过程中，合理安排家具的布局，确保流动性和功能性，能够创造出更加和谐的居住环境。

理解动线的概念是设计的基础。动线是指人在空间内活动的路径，包括从一个区域到另一个区域的行走路线。动线的流畅性直接影响着空间的使用效果和居住者的体验。在家庭环境中，主要的动线包括从入口到客厅、厨房、餐厅及卧室等不同功能区域。设计时需要考虑到动线的自然流动，避免障碍物的干扰，使居住者能够顺畅移动。

在空间布局中，家具的摆放对动线有着显著影响。家具的高度、宽度以及形状都可能成为流动的障碍。设计时应保持一定的间距，确保人们能够方便地穿梭于不同空间。比如，在客厅中，沙发与茶几之间应保持适当的距离，以便人们轻松进出。过于拥挤的空间会让人感到压迫，降低居住的舒适度。

考虑到空间的功能，动线设计需要根据不同的活动类型进行优化。厨房通常是一个功能性较强的区域，动线设计应确保从冰箱到灶台、洗碗槽之间的高效流动。在布局时，可以将这些重要的功能区域置于三角形的布局中，以减少走动的距离和时间，提高烹饪的效率。同样，餐厅的布置也应便于就餐人员的进出，避免因桌椅摆放不当导致的拥挤。

在公共空间的设计中，动线的流动性更为重要。客厅、餐厅和走廊等区域是家庭成员和来访客人交往的主要场所。在这些空间中，设计师应确保通道宽敞，能够容纳多人的流动。开放式布局的设计理念有助于打破传统空间的局限，营造出更为宽松的交往环境。在这种布局中，家具的组合与摆放应考虑到视线的延续，避免视觉上的障碍，提升空间的流动感。

多功能家具的使用能够有效提高空间的灵活性和适应性。沙发床可以在需要时提供额外的睡眠空间，而折叠桌椅可以根据需求自由调整数量和排列。这种灵活的设计使得空间可以在不同的活动之间快速转换，增强流动性。

另一个影响动线与空间流动性的因素是材料的选择。地面材料的变化也可以引导人们的移动。光滑的地板可能使人的行走更加顺畅，而地毯则能够在一定程度上减少噪声，营造出温馨的氛围。在选择材料时，既要考虑到美观性，也要兼顾到使用的舒适性和安全性。使用防滑地板能够有效减少摔倒的风险，尤其是在儿童或老人居住的家庭中。

良好的自然光源可以使空间显得更加开阔，激励人们在空间内自由流动。设计时，可以考虑在窗户附近布置低矮的家具，以确保光线的充分进入。灯光的设计也要考虑到动线的引导，通过明亮的照明指引人们的活动方向，创造出安全和愉悦的空间氛围。

在空间的各个区域之间，动线的延续性也非常重要。设计师可以通过设置视觉焦点，如艺术作品、装饰墙或特色家具，来引导视线和空间流动。这样的设计不仅能提升空间的美感，还能激发居住者探索不同区域的兴趣。在走廊的一侧设置艺术画廊或展示柜，能够鼓励人们在空间内停留和欣赏，从而增强流动性。

在进行空间布局时，合理的家具分组也能提升动线的效率。将功能相似的家具进行组合，如沙发与茶几、餐桌与餐椅等，可以形成自然的聚集区，促进社交活动的进行。避免过多的家具阻碍通道，确保流动性。设计师在进行家具选择时，除了考虑美观和风格，还需注重家具的尺寸与比例，确保其与空间的协调性。

第二节　陈设品的艺术性与实用性

一、陈设品的艺术性

（一）美学表现

陈设品在室内空间中扮演着重要的角色，不仅能起到装饰作用，更承载着艺术性和美学表现的多重功能。通过巧妙的选择与搭配，陈设品能够提升空间的整体氛围，传达出主人的个性和品位。以下将从多个角度探讨陈设品的艺术性及其美学表现。

陈设品的选择直接影响着空间的艺术氛围。每一件陈设品都蕴含着设计师的创造力与情感，它们通过形状、颜色、材质等多种元素展现出独特的艺术魅力。艺术品如绘画、雕塑、陶艺等，能够为空间注入灵动的气息，激发观者的情感共鸣。比如，在现代简约风格的家居环境中，一幅抽象画或一件极简的雕塑，可以成为视觉焦点，为空间增添艺术感和深度。

陈设品的材质与工艺在艺术性上具有重要的影响。不同材质的陈设品在视觉和触感上各具特色，能够营造出不同的氛围。木材带有自然的温暖感，适合用于田园风格或复古风格的空间；金属材质则显得冷峻而现代，适合于工业风或现代简约的环境；而玻璃、陶瓷等材料则能够在空间中增添轻盈和优雅。工艺方面，手工制作的陈设品往往蕴含了更多的人文情感和艺术价值，相较于工业化生产的商品，更能展现独特的个性与审美。

陈设品的色彩搭配同样是提升美学表现的重要因素。色彩的运用不仅能够影响空间的视觉效果，还能传达特定的情感与氛围。比如，暖色调的陈设品能营造出温馨、亲切的感觉，而冷色调则显得沉静、理性。在选择陈设品时，需考虑与空间整体色调的协调，以增强空间的层次感和丰富性。合理的色彩搭配能够使空间更具活力和趣味，进而提升整体的美感。

陈设品的布局与摆放也至关重要。通过巧妙的布局，可以使空间的艺术性得以充分展现。在陈设品的摆放上，常见的技巧包括对称与不对称布局、层次分明的高度变化以及形成视觉引导线等。对称布局常常给人以稳定和和谐的感觉，而不对称布局则更具动感和现代感。在空间的不同角落、平台或墙面上，适当的高度变化能够使空间更具层次感，避免单调。

陈设品与家具、装饰元素的结合也能增强整体的艺术性。家具的风格、材质与色彩应与陈设品相协调，形成统一的视觉语言。选择与沙发色调相似的靠垫、与茶几相配的花瓶，可以使空间看起来更加整体和谐。而在搭配时，可以通过层次与对比来增加视觉的丰富性，如在深色家具旁搭配亮色的装饰品，形成鲜明的对比，吸引视线。

在陈设品的选择中，个人情感与审美品位的体现同样不可忽视。每个人对美的理解与追求各不相同，陈设品的选择不仅反映了居住者的生活方式，也传达出其独特的个性与情感。一些旅行中购得的工艺品或有着独特历史背景的古董，往往蕴含着主人的故事与记忆，为空间增添了温度与情感。在选择陈设品时，关注这些细节，能够使空间更具个性化和情感共鸣。

随着社会的发展与艺术观念的变化，陈设品的表现形式也在不断创新。现代设计中，许多陈设品突破了传统的功能界限，成为艺术创作的媒介。利用日常生活中的物品进行艺术化的重组和再创造，使空间更具趣味性与独特性。这类陈设品充满创意，能引发观者的思考和共鸣。

空间的氛围与居住者的情感体验息息相关，而陈设品的艺术性和美学表现则是营造这种氛围的重要手段。通过恰当的陈设品选择与巧妙的搭配，可以创造出一个既美观又富有个性和情感的居住空间。设计师应关注空间的整体特征与居住者的生活习惯，合理地运用陈设品，为空间注入生命与活力。

随着时间的推移，居住者的审美观念和生活需求可能会发生变化，因此定期对陈设品进行更换或调整，不仅能为空间注入新的活力，也能保持居住环境的时尚感与现代感。通过不断的探索与尝试，可以发掘出更多适合自身空间的艺术表现形式，提升整体的生活品质。

（二）文化象征

陈设品在室内设计中不仅是装饰元素，更是文化象征与艺术表达的重要载体。通过陈设品的选择与摆放，可以传达出居住者的个性、审美观念以及文化背景。它们在空间中发挥着增添美感、塑造氛围和传递情感的多重作用。

陈设品的艺术性直接影响着空间的视觉效果。艺术品、雕塑、装饰画、陶瓷等各种陈设品在形式和材质上各具特色，能够为空间增添丰富的层次感。精美的艺术作品往往能够吸引目光，成为空间的视觉焦点。一幅具有强烈色彩对比和独特构图的画作，可以使整个房间焕发活力，吸引人们的注意力。相对而言，简约而富有设计感的雕塑或现代艺术品，则能够为空间注入一丝优雅和冷静，使其更显品位。

除了美观，陈设品还承担着传递文化象征的功能。每种艺术品和装饰品背后都蕴含着丰富的文化内涵。不同地区、不同历史时期的艺术品都反映出各自独特的文化特色。东方的水墨画和西方的油画在技法和表现内容上有着显著差异，它们不仅展现了不同的艺术风格，也体现了各自的文化传统与价值观。在室内设计中，运用这些具有文化象征意义的陈设品，可以使空间更具深度和内涵，增强居住者对文化的认同感。

在选择陈设品时，设计师需要考虑其与整体空间风格的协调性。现代简约风格可能更适合采用线条简洁、色彩单一的艺术品，而传统中式风格则可以通过古典的字画、花瓶或工艺品来增强空间的文化气息。这样的选择能使空间保持风格统一，提升整体美感，使居住者在视觉与心理上感受到和谐与平衡。

通过巧妙的搭配，可以创造出独特的空间氛围。将一组小型雕塑或艺术品组合在一起，形成一个小型的艺术展示区，既能引导视线，也为空间增添趣味。对比和对称的布局能够营造出稳定和谐的感觉，而不对称的布局则可以产生动感，增添活力。

每一件艺术品或装饰品都可能承载着居住者的记忆和情感。无论是旅行中购买的纪念品，还是家族传承下来的艺术品，它们在空间中不仅仅是装饰，更是居住者情感的寄托和文化的延续。在设计过程中，选择能够引发共鸣的陈设品，能够让空间更加生动和充满个性，使居住者在生活中时刻感受到文化的熏陶和情感的温暖。

随着生活方式的变化和审美观念的演变，陈设品的风格和种类也在不断更新。现代社会中，个性化和多样化的设计越发受到欢迎，许多人开始追求独特和非传统的陈设品，以展示个人的生活态度和价值观。设计师在策划空间时，应关注当下的设计趋势，结合居住者的个性和生活习惯，选择合适的陈设品，以形成独具特色的空间风格。

越来越多的设计师和居住者倾向于选择环保材料制作的艺术品和陈设品，如再生木材、天然纤维等。这不仅体现了对环境的关心，也在一定程度上反映了居住者的生活理念。选择这些环保的陈设品，不仅能够提升空间的美感，更能传达出一种积极的生活态度。

陈设品的文化象征意义在全球化背景下越加凸显。随着文化交流的加深，各种不同文化背景的艺术品和装饰品相互融合，形成了丰富多彩的室内设计风格。在这样的背景下，设计师可以大胆尝试将不同文化的陈设品结合在一起，创造出具有全球视野的空间设计。这种跨文化的结合不仅能拓宽居住者的视野，也能使空间更加丰富和多元。

二、陈设品的实用性

（一）功能性

陈设品在室内设计中不仅具备艺术性，同时也承担着实用性和功能性的重要角色。合理的陈设品选择能够有效提升空间的使用效率，满足居住者的多种需求，进而提升整体的生活质量。以下将从多个方面探讨陈设品的实用性与功能性。

陈设品的基本功能是装饰和美化空间，但其实用性常常体现在空间的功能拓展上。花瓶、装饰盒等物品不仅可以作为视觉焦点，也可以用来收纳小物件，从而减少空间的杂乱感。选择合适的陈设品能够在提升美观的同时增加空间的实用性。这种多功能的特性使得陈设品在日常生活中变得更加重要，既能为空间增添生气，也能提高居住的舒适度。

陈设品的设计与材质选择直接影响着其实用性。在选择陈设品时，应考虑其使用环境与耐用性。厨房中的陈设品应选择耐热、防水的材料，以应对日常使用中的挑战；而在客厅中，选用易于清洁和维护的材料则有助于保持空间的整洁。良好的材料选择不仅提升了陈设品的使用寿命，还能减少日常维护的时间和精力。

功能性的设计也是陈设品实用性的重要组成部分。现代设计理念强调“形式追随功能”，因此许多陈设品在设计时融入了实用功能。现代家居中常见的书架、展示架不仅用于展示装饰物，也能有效存放书籍和资料。这样的设计使得空间使用更加高效，居住者可以轻松找到所需物品，避免了不必要的杂乱。

除了基本的收纳功能，许多陈设品还具有更复杂的实用功能。折叠式家具和多功能家具在现代家庭中越来越受欢迎。折叠桌、沙发床等家具能够在需要时提供额外的使用空间，而在不需要时又能节省空间。这类设计极大地满足了小户型或空间有限家庭的需求，提升了居住环境的灵活性。

合适的陈设品能够通过色彩、形状和质感的搭配，影响居住者的心理感受。选择温暖色调的陈设品可以营造出舒适温馨的家庭氛围，而冷色调的陈设品则适合营造现代、简约的空间感。通过巧妙的色彩搭配，陈设品不仅提升了空间的美感，也能在无形中影响居住者的情绪和生活体验。

在功能性方面，陈设品的摆放与布局同样至关重要。合理的布局能够提高空间的使用效率，增强居住者的便利性。在客厅中，沙发、茶几和电视柜的布局应考虑到人流的动线，确保家庭成员在活动时不会受到阻碍。陈设品的摆放高度和角度也要考虑，使其在视觉上更具吸引力且便于使用。适当的高度变化能够增强空间的层次感，使居住环境更加生动。

许多现代陈设品设计考虑到了居住者的不同需求，能够根据场景的变化进行调整。具有储物功能的装饰箱可以用来存放杂物，或在需要时作为临时座椅使用。这种灵活的设计为居住者提供了更多的使用可能，使得空间能够随时适应不同的生活场景。

在选择陈设品时，应根据自身的生活习惯和审美偏好来进行决策。热爱阅读的人可以选择功能丰富的书架或展示架，不仅用来展示书籍，也能兼顾装饰效果。而喜欢烹饪的家庭则可以在厨房中选择既美观又实用的储物架或工具架，方便日常使用。这样的选择不仅提升了空间的实用性，也更能反映居住者的个性与生活态度。

随着生活方式的变化，陈设品的功能性也在不断发展。现代社会中，越来越多的陈设品融入了智能化的元素，提升了实用性。智能音响、智能灯具等不仅具有基本的功能，还能通过手机或语音控制，实现多种使用场景。这类智能化的陈设品为居住者的生活带来了便利，提升了生活的质量与体验。

（二）空间优化

陈设品在室内设计中不仅承担着装饰的功能，也具有重要的实用性，能够有效优化空间的使用效率。通过合理的陈设品选择与布局，既可以提升空间的美观性，又能够增强其功能性，创造出更为舒适和实用的居住环境。

陈设品的选用与布局应考虑到空间的功能划分。每个区域的功能不同，陈设品的使用也应有所不同。在客厅中，选择一些便于社交的家具，如舒适的沙发、咖啡桌以及适合的灯具，可以营造出温馨的交流氛围。书房则可以通过书架、工作台和适宜的座椅组合，创造出一个专注工作的环境。在卧室中，除了必需的床具外，增加一些如床头柜、装饰灯和小型艺术品，可以提升空间的舒适度和个性化。合理的布局能够使不同功能区各司其职，提升空间的使用效率。

在空间优化过程中，陈设品的材质和风格同样不可忽视。选择与整体空间风格协调的陈设品，可以增强视觉的一致性，提升空间的整体感。现代风格的空间适合使用简洁线条和冷色调的装饰品，而传统风格则可以选择经典的艺术品和木制家具。这种协调性不仅在视觉上使空间更加美观，还能在潜意识中增强居住者的舒适感。

随着居住者生活方式和审美观念的变化，定期对陈设品进行更换和调整，能够保持空间的新鲜感。通过引入新的装饰品或更改陈设的布局，可以为居住环境注入新的活力。这种灵活性使得空间能够适应不同的生活需求，提高其长久的实用性。

第三节　家具与空间的互动关系

一、家具与空间的定义

（一）家具的基本功能

家具最直接的功能是提供支撑和舒适的休息空间。沙发、椅子和床等家具是家庭中最常见的休息和放松的场所。沙发和椅子提供了舒适的坐卧空间，适合家庭聚会、娱乐和社交活动。床则是人们休息和恢复精力的主要场所，其设计直接影响着睡眠质量。在选择床时，床垫的硬度、材料和尺寸都是影响舒适度的重要因素。通过合理的家具选择，可以有效提升居住者的生活品质，满足日常休息的基本需求。

家具在存储和组织方面的功能也至关重要。橱柜、书架和衣柜等家具为日常物品提供了有效的存放空间。合理的存储解决方案能够减少空间的杂乱感，提升空间的使用效率。书架不仅可以存放书籍，还可以用于展示装饰品，增加空间的美感。衣柜的设计应考虑到居住者的衣物类型和数量，通过合理的分隔和设计，方便日常使用和管理。良好的存储功能不仅使空间更为整洁，还能提高生活的便利性。

家具的功能不仅限于基本的使用，还包括对空间的分隔与界定。开放式的空间设计日益流行，而家具则成为划分空间的重要元素。书架可以用作房间的隔断，既不影响空间的通透性，又能够创造出独立的功能区。屏风和柜子等家具也可以起到空间分隔的作用，特别是在小户型中，通过巧妙的布局能使不同功能区相互独立，又保持空间的流动感。

在功能性家具的设计中，灵活性和多功能性越来越受到重视。现代家庭生活方式的多样化需求促使设计师创造出兼具多种功能的家具。沙发床可以在白天作为沙发使用，夜晚则转换为床铺，适合小户型或临时住客使用。折叠桌和收纳凳等家具也能够根据需要进行变换，提高空间的利用率。这样的设计不仅满足了实际的功能需求，也使得空间的使用更加灵活。

通过合理选择和搭配家具，可以提升空间的整体美感，营造出不同的氛围。每种家具都有其独特的设计风格和视觉效果，合理的搭配能够使空间更具层次感。现代风格的家居环境中，选用简约、线条流畅的家具能够增强空间的整洁感；而在复古风格的空间中，选择具有历史感的家具则能提升空间的温馨感。通过家具的选择，居住者能够表达自己的个性和生活态度。

（二）空间的概念

空间的概念是一个多维度的主题，涵盖了物理、心理、社会和文化等多个层面。在室内设计、建筑学和人类活动中，空间不仅是容纳物体的场所，更是人类行为、情感和交互的载体。探讨空间的概念，首先需要理解它的基本属性和构成要素。

二、家具与空间的互动关系

（一）空间大小与家具选择

空间大小与家具选择之间的关系密切而复杂，合理的家具选择不仅能提升空间的使用效率，还能增强整体的舒适感与美观度。在不同大小的空间中，家具的种类、数量及布局方式都需经过仔细考虑，以实现功能性和美观性的平衡。

小空间与大空间在家具选择上的最大区别在于家具的尺寸和数量。在小户型中，选择的家具需要尽量小巧、轻便，以免造成空间的拥挤感。通常采用多功能家具是小空间的理想选择。折叠桌、沙发床和储物凳等设计能够根据需要灵活变换，既能满足日常生活需求，又能有效节省空间。选择开放式的家具，如开放式书架或低矮的储物架，可以使空间看起来更为通透，减少视觉上的压迫感。

在小空间中，颜色的选择同样至关重要。浅色调的家具可以有效地反射光线，使空间显得更为宽敞明亮，而深色家具则可能使空间显得沉重。在小户型中，建议选择浅色系的沙发、桌椅和装饰品，搭配明亮的墙面，能够在视觉上拉伸空间。镜子的使用也能增加空间的层次感和光线反射，进一步提升空间的开阔感。

在大空间中，家具的选择则相对宽松，可以根据具体的功能需求进行更多样化的设计。大空间允许使用更大尺寸的家具，如宽大的沙发、长餐桌和大型床铺等，这些家具不仅提供了更为舒适的使用体验，也能更好地填充空间，避免空旷感。可以通过不同的功能区域划分来提升空间的使用效率，如将客厅、餐厅和书房进行合理的布局，形成不同的活动区域。

在选择大空间的家具时，应考虑到家具之间的搭配与和谐。大空间中常常需要更具视觉冲击力的家具来填补空间，如一件大型艺术装置或一个独特设计的咖啡桌。这些家具不仅具备实用功能，更是空间中的焦点，能够提升整体的美感。搭配适当的配饰，如地毯、艺术画作和灯具，也能增强空间的层次感和风格一致性。

空间的功能性也是家具选择的重要因素。在小空间中，可能需要更加灵活的家具布局，以适应不同的生活场景。比如，餐桌在平时可以用作工作区，而在聚会时则变为用餐区。这种功能的灵活性要求家具不仅具备基本的使用功能，还需考虑到便捷的移动和调整。在大空间中，虽然可以使用更多固定家具，但也应注意各个区域的功能区分，如在客厅与书房之间使用书架或屏风进行空间的分隔，以确保不同功能区之间的流畅过渡。

在设计时，还应充分考虑家具的材质和风格。小空间中，由于空间有限，通常更适合选择简约、线条流畅的家具，避免复杂的装饰以免造成视觉的负担。而在大空间中，则可以选择更多样化的风格和材质，甚至可以尝试混搭设计。将现代风格的家具与复古装饰结合，能够创造出独特的空间氛围，反映居住者的个性与品位。

家具的布局与摆放也在空间的大小中起着关键作用。在小空间中，尽量采用开放式布局，使家具之间保持一定的间距，避免形成拥挤感。利用墙面或角落进行垂直空间的利用，可以为小空间增加额外的存储和展示功能。在大空间中，可以尝试不同的家具组合，形成不同的功能区，如通过沙发和茶几的组合形成休闲区，通过餐桌和餐椅的配置形成用餐区。这样的布局能够提升空间的灵活性与互动性，使居住环境更加宜人。

在选择家具时，考虑到空间的光线和通风同样重要。在小空间中，尽量选择开放式或透视感强的家具，以增加空间的通透性。透明材质的家具，诸如亚克力桌椅或玻璃柜，可以减少视觉的阻碍，提升空间的明亮感。在大空间中，则应注意不同家具的排列，避免造成光线的遮挡，确保空间的明亮与通风，使居住环境更加舒适。

家具的选择与个人的生活方式也密切相关。居住者的生活习惯和活动频率会影响对家具的需求。在小空间中，如果居住者喜欢社交，可能需要设计更多的可移动座椅以便于聚会；而在大空间中，则可以设计专门的休闲区或娱乐场所，满足家庭成员的各种需求。在家具选择过程中，应充分考虑居住者的生活方式，以便选择最合适的家具和布局。

（二）家具对空间的影响

1. 家具风格与空间氛围

家具风格与空间氛围之间存在着密切的关系。家具不仅是空间中重要的功能性元素，还能通过其设计风格、材质和色彩等方面对整体空间氛围产生深远影响。在室内设计中，选择合适的家具风格能够有效提升居住环境的舒适性和美观度，从而增强人们的生活体验。

家具的风格决定了空间的基调。不同的家具风格所传达的情感和气氛各不相同。现代简约风格的家具通常以干净的线条和中性色调为主，给人以清新、开放的感觉。这种风格适合追求简洁与功能性的居住者，通过精简的设计，能够营造出宽敞明亮的空间氛围。与之相对，传统的古典家具则以其精致的雕刻和丰富的色彩，传达出一种优雅与温暖的氛围，适合希望在家中营造一种经典氛围的人群。

家具的材质对空间氛围的影响也不可忽视。木质家具因其自然的纹理和温暖的触感，常常被用于营造温馨、亲切的空间。相对而言，金属和玻璃材质则能够传达出一种现代和冷静的感觉。选择适当的材料可以帮助设计师实现预期的空间效果。在一个追求自然与舒适的家庭环境中，采用实木家具与柔和的布艺，可以创造出一个温暖而放松的空间；而在一个现代办公室中，金属家具与透明的玻璃隔断则可以增强空间的专业感和现代感。

家具的布置和搭配也对空间氛围有着直接影响。空间的布局不仅影响着家具的功能性，也在很大程度上决定了空间的流动性与舒适度。在开放式的居住空间中，合理的家具分组能够创造出友好的社交环境。将沙发和咖啡桌组合在一起，可以形成一个舒适的交流区，促进家庭成员之间的互动。而在小空间中，通过巧妙的家具组合和灵活的布置，可以使空间更具层次感，提升空间的利用率。

家具风格与空间氛围的结合也与文化背景密切相关。在不同的文化中，家具的风格和使用习惯各有特点。东方文化更注重空间的和谐与自然，家具设计通常会融入自然元素和传统工艺；而西方文化则倾向于表现个性和创新，家具设计往往更加注重功能性与时尚感。这种文化差异在家具选择上表现得尤为明显，设计师在进行空间设计时，需要考虑居住者的文化背景和生活习惯，以确保家具风格与空间氛围的契合。

许多设计师倾向于将不同风格的家具进行混搭，以创造出独特的空间氛围。这种跨风格的设计手法不仅可以增加空间的视觉趣味性，还能体现居住者的个性和品位。在一个现代风格的空间中，搭配一些复古家具，可以打破单一风格的局限，使空间更具层次感和独特性。这种混搭的方式在当今的室内设计中逐渐受到欢迎，成为许多设计师追求的新方向。

随着环保意识的提升，越来越多的设计师开始关注家具的可持续性和环保性。选择环保材料制成的家具，不仅能够减轻对环境的影响，还能为居住者提供更加健康的生活环境。环保家具通常以自然材料为主，搭配自然色彩，能够营造出清新自然的空间氛围。这种设计理念在现代居住空间中越发重要，成为提升空间品质的一种有效方式。

现代消费者越来越倾向于根据自身的需求和喜好进行个性化设计。通过定制家具，设计师能够充分理解客户的生活方式，创造出符合其个性和审美的空间。这种个性化的设计不仅能够提升居住者的满意度，也使空间更具独特性和功能性。

2. 家具配置与空间利用

家具配置与空间利用的关系至关重要，合理的家具布局不仅能够提高空间的使用效率，还能提升居住环境的舒适度和美观性。无论是在小户型还是大空间，科学的家具配置都能使空间更为灵活、多功能，并满足居住者的各种需求。

了解空间的基本特征是进行家具配置的前提。每个空间的形状、面积、光线和通风条件都不同，因此在配置家具时，需充分考虑这些因素。对小户型来说，空间的利用显得尤为重要。通常，建议采用开放式的设计理念，以便于视觉上的延伸和流动感。开放式的厨房和客厅结合，不仅可以增加交流的便利性，还能使空间显得更加宽敞。

在配置小空间的家具时，应尽量避免使用大体积、重型家具，以免造成压迫感。选择轻便、简约的家具不仅能减少空间的负担，还能营造出轻松的氛围。颜色方面，浅色调的家具能够反射光线，使空间显得更为开阔；而深色家具则容易使空间显得沉闷。在小空间中，更推荐使用浅色系的家具，以提升整体的明亮感。

对大空间而言，家具的配置可以更为灵活多样。在大空间中，可以根据功能需求划分不同的区域，如休闲区、用餐区和工作区等。在设计时，可以通过不同的家具组合来形成这些区域。

在大空间中，选择大型家具时，应考虑与空间的比例关系。大空间允许使用更为宽大的家具，如大型沙发、长餐桌等，这样能够更好地填补空间，避免产生空旷感。适当使用分隔家具，如书架、屏风等，可以在不完全隔断的情况下，划分出不同的活动区域，使空间既保持开放性又具备功能性。

布局时，应注意家具之间的间距，以确保活动的便利性。在大空间中，适当的间距不仅能提供舒适的移动空间，还能增加视觉的层次感。在休闲区与用餐区之间，设置适当的通道，让人们能够顺畅地在不同区域之间移动。对小空间而言，虽然间距较小，但也应保持适度的空间，以避免拥挤和不适。

在进行家具配置时，存储功能的设计也极为重要。无论是小空间还是大空间，合理的存储设计能够提高空间的利用效率。在小空间中，利用墙面进行垂直存储是一种有效的方法。墙壁书架、挂钩和开放式架子等都可以利用墙面进行存放，节省地面空间。而在大空间中，则可以设计更多的储物柜和嵌入式家具，将存储空间与功能区结合，提高整体的美观性和实用性。

随着居住者生活方式的变化，空间的功能需求也会发生改变，选择能够灵活调整的家具至关重要。可移动的家具，如可折叠桌椅或多功能沙发，能够根据实际需求进行重新布置，保证空间始终适应居住者的生活方式。

第四节　定制家具的美学优势

一、定制家具的设计美学

（一）个性化表达

定制家具的设计美学不仅体现了空间的功能性，还通过个性化的表达，传达出居住者的生活态度与审美品位。在现代社会，随着人们对个性化需求的不断提升，定制家具逐渐成为一种流行趋势，它不仅满足了实用性的需求，也为空间增添了独特的艺术气息。

定制家具的个性化设计允许根据使用者的需求进行量身定制，这种灵活性是传统成品家具无法比拟的。每个家庭的结构、空间布局以及居住者的生活方式都有所不同，通过定制，设计师可以为客户提供量身定做的解决方案。针对小户型的居民，可以设计出多功能的家具，既节省空间，又能满足储物和使用的需求。这样的设计不仅考虑到实用性，更在美学上实现了空间的优化，使得每一件家具都能与居住环境和谐融合。

在个性化表达方面，定制家具可以充分展现居住者的个性和品位。每位客户都有自己独特的生活经历和审美取向，这些都可以通过家具设计体现出来。设计师可以与客户深入沟通，了解他们的喜好和生活习惯，从而在材质、颜色、形状等方面进行个性化选择。有的人偏好现代简约风格，可以选择流畅的线条和明亮的色彩；而另一些人则倾向于传统风格，可能更喜欢温暖的木质材料和复杂的装饰。这种个性化的设计不仅提升了空间的美感，也让居住者在日常生活中感受到与众不同的情感联系。

定制家具的材质选择也是个性化表达的重要组成部分。不同的材料不仅影响家具的外观，也对其触感和耐用性有着直接影响。高质量的实木、金属、玻璃、布艺等材料，各具特色，能够传达出不同的设计理念和生活方式。选择环保材料制作的定制家具，既能展现居住者对可持续生活方式的追求，也能为空间注入自然的气息。材质的搭配也能增强空间的层次感。结合木质与金属的元素，能够打造出一种现代与传统的融合感，使空间更具个性。

在色彩方面，定制家具的选择也提供了丰富的表达可能性。色彩不仅影响空间的视觉效果，还能影响人的情绪和心理状态。设计师可以根据客户的个性特点和空间的使用功能，选择合适的色彩搭配。暖色调的家具能够营造出温馨和亲切的氛围，适合家庭生活空间；而冷色调的家具则更具现代感，适合工作空间。在定制过程中，色彩的运用可以形成整体空间的主题，使得每个区域都有其独特的氛围。

定制家具的造型设计也体现了独特的美学价值。传统家具往往遵循固定的样式和结构，而定制家具则突破了这一限制，允许更多的创意和个性化的表达。通过流线型或几何形状的设计，能够创造出具有艺术感的家具，成为空间中的视觉焦点。设计师可以将艺术与功能结合，使每一件家具都成为空间中的独特装置，增强整体设计的层次感。

在空间的布局与家具的搭配上，定制家具也能发挥重要作用。通过合理的家具配置，可以优化空间的使用效率和流动性，使得居住环境更加舒适。设计师可以根据空间的实际情况，灵活调整家具的尺寸与形状，确保每个区域都能得到充分利用。这种空间优化不仅提升了家具的功能性，也增强了居住者的生活体验，使得每一处细节都能展现出个性化的设计理念。

在技术不断发展的今天，定制家具的设计也越加智能化。通过先进的设计软件，设计师能够更直观地展示家具效果，并与客户进行即时沟通。这种交互方式使得设计过程更加高效，客户的反馈能够及时融入设计中，实现更完美的个性化方案。智能家具的出现，为个性化定制带来了新的可能性，集成智能控制系统的家具，能够根据居住者的生活习惯进行智能调节，进一步提升使用的便利性和舒适度。

需要注意的是，定制家具的设计美学还应关注与空间整体风格的协调性。尽管定制家具强调个性化，但在设计时仍需考虑与整体空间的统一性。设计师应在满足客户个性需求的同时确保家具与空间的风格、色彩、材质相互协调，形成和谐的整体效果。通过这种综合考虑，定制家具不仅能展现个性化的魅力，也能提升空间的整体美感和功能性。

（二）空间协调

定制家具的设计美学在现代室内设计中扮演着重要角色，尤其是在空间协调方面。随着个性化需求的增加，定制家具不仅提供了功能性解决方案，还为居住者带来了美学享受。通过巧妙的设计，定制家具能够与空间的整体风格和布局完美融合，从而提升居住环境的舒适感与美观性。

定制家具的最大优势在于其灵活性和适应性。每个空间的形状、大小和功能需求都不尽相同，定制家具能够根据具体的空间条件进行设计，确保在有限的空间内实现最大化的功能利用。

在设计美学上，定制家具能够与整体室内风格无缝对接。不同风格的室内设计，如现代简约、北欧风格、工业风等，都有其独特的视觉元素和色彩搭配。定制家具可以根据这些风格进行个性化设计。在现代简约风格中，家具的设计通常以简洁的线条和中性色调为主，而定制家具可以通过选用合适的材质和色彩，增强空间的整体性。

这样不仅能让空间显得更加统一和协调，还能提升居住者的舒适体验。

定制家具还可以通过细节设计来增强空间的美感与实用性。对于每一件家具的细节处理，如边缘的曲线、把手的设计、装饰线条的运用等，都可以体现出设计师的独特见解和居住者的个性。举例来说，一个简约的餐桌，如果在桌角设计上添加了流畅的曲线，就能使整个空间更具柔和感和亲和力。这样的细节设计不仅能提升家具本身的美学价值，还能与周围环境产生良好的互动，营造出更加和谐的氛围。

空间协调还涉及家具与其他元素的搭配，包括墙面、地面、灯具等。定制家具在设计时应考虑到与这些元素的协调性。墙面如果采用了明亮的色彩，家具的色调就可以选择中性或自然色系，以形成对比而不失和谐。灯具的设计也应与家具相互呼应，通过合适的灯光效果，增强空间的层次感和氛围感。在这一过程中，设计师需综合考虑不同元素之间的关系，以确保每一部分都能相辅相成，形成统一的视觉效果。

在功能性方面，定制家具的设计也应考虑空间的多样性和灵活性。现代家庭往往需要适应不同的生活场景，比如，家庭聚会、工作、休闲等。定制家具可以根据这些需求进行设计，如可折叠的餐桌、可调节的书桌等，能够让空间在不同时间段适应不同的功能需求。这样的设计提升了空间的实用性，让居住者的生活更加便利和舒适。

定制家具的设计美学也反映了居住者的生活态度与品味。在设计过程中，设计师应充分听取居住者的需求和偏好，确保最终呈现的家具能够体现出居住者的个性。这种个性化的设计不仅体现在外观上，更在于功能的满足和使用体验的提升。定制家具的每一个细节、每一处功能都可以与居住者的生活方式相匹配，从而打造出独特而舒适的居住环境。

二、定制家具的功能美学

（一）实用性与美观性结合

定制家具在现代家居生活中逐渐成为一种趋势，其独特的功能美学理念吸引了越来越多的消费者。功能美学关注家具的实用性，强调在满足使用需求的同时融入美观的设计元素，形成和谐的空间氛围。

定制家具的实用性体现在其灵活性和适应性上。消费者的需求各不相同，定制家具可以根据个体的生活习惯、空间布局和个人喜好进行量身打造。比如，在空间有限的小户型中，定制家具可以充分利用每一寸空间，设计出多功能的收纳解决方案，使空间既整洁又不显拥挤。通过设计巧妙的折叠桌、隐藏式储物柜等，定制家具能够灵活应对日常生活中的各种需求，提升居住的舒适度和便利性。

定制家具的美观性则体现在其独特的设计风格和个性化元素。与传统的成品家具不同，定制家具能够充分体现消费者的个性与品位。在选择材料、颜色和造型时，消费者可以与设计师进行深入沟通，根据自己的喜好和家居环境进行综合考量。这样的个性化定制，使家具在功能上满足需求，在视觉上带来独特的美感。

在功能与美观的结合上，定制家具可以实现无缝衔接。设计师通过对空间的深刻理解，将功能与美学融为一体。一个餐厅的定制餐桌不仅要考虑尺寸、材质的选择，还需注重与整体家居风格的协调，确保餐桌的外观能够提升整个空间的美感。

定制家具的工艺是影响其功能美学的重要因素。高质量的工艺不仅能够提高家具的耐用性，还能增强其视觉美感。无论是手工雕刻的细节，还是精准的拼接工艺，都是定制家具价值的重要体现。优质的工艺也能确保家具的使用安全性，避免因设计不当而导致的潜在风险。

通过专业的空间规划，定制家具可以有效提高空间的利用率。在小户型中，设计师可以根据房间的具体尺寸，设计出合适的家具，避免因购买成品家具造成的空间浪费。在功能区域的划分上，定制家具可以满足不同家庭成员的需求。

（二）灵活性与适应性

在现代家居设计中，定制家具因其独特的功能美学而备受青睐。它不仅能够满足个性化的需求，还具备灵活性与适应性，为用户创造更舒适的生活空间。

定制家具的首要特征是其个性化设计。每个家庭的结构、空间布局及使用需求各不相同，因此标准化的家具往往无法满足具体的要求。定制家具可以根据家庭的实际情况进行设计，使每一件家具都能完美契合空间。

除了个性化，定制家具的灵活性体现在其可调整性和多功能性上。随着生活方式的变化，家庭成员的需求也在不断演变。定制家具可以根据实际需求进行调整，这种灵活性使得定制家具更能适应现代快节奏的生活方式。

适应性则是定制家具另一重要特性。随着时间的推移，家具可能面临风格、功能或空间变化的挑战。定制家具的设计考虑到了这一点，能够根据家庭的变化进行改造。

每个家庭都有独特的风格，从现代简约到传统经典，定制家具可以根据整体装修风格进行设计，以确保家具与环境的和谐统一。通过合理的色彩搭配与线条设计，定制家具不仅是功能性的存在，更是一种艺术表现，能够为居住空间增添独特的气质。

第六章　自然元素与景观营造美学

第一节　自然元素对居住环境的影响

一、自然元素在居住环境中的引入

（一）自然光的作用

在现代居住环境中，自然元素的引入越发受到重视，尤其是自然光的运用对居住空间的影响深远。自然光不仅能提升室内的美观程度，更在促进健康、提高居住舒适度等方面发挥着重要作用。

自然光的引入使居住空间更加明亮、开阔。充足的自然光照可以有效减少对人工照明的依赖，从而降低能耗。阳光透过窗户洒入室内，营造出温暖、舒适的氛围。与纯人工照明相比，自然光的色温更接近于人类的生物钟，有助于维持人的生理节奏。特别是在早晨，阳光的照射能促进身体的觉醒，提高居住者的精神状态。

自然光的引入还可以改善居住者的心理健康。阳光中的紫外线能够促进人体合成维生素 D，这对骨骼健康和免疫系统至关重要。研究表明，适量的自然光照射可以减少抑郁症和焦虑症的发生，提高整体心理健康水平。居住在自然光充足的环境中，人的情绪更容易保持积极向上，生活质量显著提高。

自然光在空间设计中的运用也有助于增强空间的层次感和视觉美感。通过合理布局窗户、天窗等采光设施，可以最大限度地引入自然光，使空间的各个角落都能获得光线的照射。不同时间段的自然光变化，赋予了空间不同的气质，随着日照角度的变化，室内光影的变化也能创造出独特的视觉效果。这种光影交错的美感，使得居住环境充满生机和变化，提升了居住的愉悦感。

在室内设计中，自然光的运用还与材料的选择密切相关。大面积的玻璃幕墙、透明的隔断、浅色的墙面和家具，都能有效反射和散射自然光，使室内更加明亮。选用具有良好透光性的材料，不仅能增强自然光的引入效果，还能提高空间的美观度。设计师通过巧妙的设计，使得自然光成为空间的一部分，增强了居住者与自然的连接。

在建筑设计中，充分考虑自然光的采光，可以减少人工照明的使用，降低能源消耗，推动绿色建筑的发展。通过利用自然光照的优势，可以实现更高的能效标准，减少对环境的负担，体现出人们对可持续生活方式的追求。

在引入自然光的过程中，设计师也需注意避免直射阳光带来的负面影响，如眩光和过热。合理的窗户设计、遮阳装置的应用以及室内绿植的配置，都能有效调节光线的强度和分布，创造一个舒适的居住环境。设计时应考虑到季节变化和日照角度的差异，确保不同时间段都能保持室内的舒适度。

（二）植物的影响

在现代居住环境中，自然元素的引入越来越受到重视，尤其是植物的应用，对居住空间的影响深远而多元。植物不仅提升了居住环境的美感，还在心理和生理上对人们产生积极影响。

植物能够显著改善居住环境的空气质量。通过光合作用，植物吸收二氧化碳，释放氧气，提升室内的氧气浓度。许多植物具有净化空气的能力，能够吸附有害物质，如甲醛、苯等，减少室内污染。这种自然的空气过滤功能，使得居住者能够在更健康的环境中生活，降低呼吸系统疾病的风险。

植物对心理健康的积极作用也不容忽视。研究表明，接触植物和自然环境能够显著降低压力和焦虑水平。绿色植物的存在不仅能带来视觉上的愉悦，还能提升居住者的心情和情绪。植物的生长变化和季节更替使人感受到生命的脉动，增强了对自然的连接感，这种心理上的舒适感有助于提高生活质量。

在设计层面，植物的引入为居住空间增添了生机与活力。通过合理的布局与种植，植物可以作为室内设计的重要元素，为空间创造层次感和色彩的变化。垂直绿化墙、窗台花盆或是室内庭院等设计，不仅美化了空间，还营造出一种宁静、和谐的氛围。绿色植物与室内装修的搭配，能够提升整体美感，使空间更具吸引力。

植物在居住环境中的引入也与可持续发展的理念密切相关。越来越多的人开始关注环保和可持续性，植物的使用能够降低室内环境的能耗。绿色植物通过蒸腾作用调节室内湿度，改善热环境，从而在一定程度上降低空调的使用频率。这种节能效果不仅减少了能源消耗，也有助于降低居住者的生活成本。

在城市化快速发展的背景下，自然元素的引入显得尤为重要。现代城市往往面临着绿地匮乏和空气污染等问题，室内植物的使用能够在一定程度上缓解这些环境压力。将自然元素引入室内，可以有效抵消城市生活的压迫感，让人们在繁忙的生活中找到一丝宁静。

不同类型的植物适合不同的居住环境。对于光照条件较差的室内，选择一些耐阴植物（如蕨类和万年青）可以有效地增加室内的绿意而不影响生长；而在阳光充足的空间，可以选择一些需要阳光的植物，如多肉植物和花卉，既美观又易于养护。根据空间的实际情况和居住者的生活习惯，合理选择和搭配植物，能够达到最佳的效果。

植物的引入不仅仅是为了美化环境，更是一种生活态度的体现。在日常生活中，关注和呵护植物的生长，能够培养人们的耐心与责任感。这种与自然互动的过程，提高了居住者的生活质量，促进了居住者身心的和谐发展。

二、在居住环境中自然元素的心理效应

（一）减压与放松

自然元素在居住环境中的引入，尤其是植物、自然光、自然材料等，对人们的心理健康具有显著的影响。近年来，越来越多的研究显示，自然元素能够有效减压与促进放松，提升居住者的生活质量和幸福感。

绿色植物的存在对心理状态的改善作用尤为显著。研究表明，室内植物能够有效降低焦虑和抑郁水平，提升情绪。植物通过光合作用释放氧气，改善空气质量，这不仅使居住环境更加清新，还能让人感到舒适和放松。观察植物生长的过程，如发芽、开花，可以带给人们一种欣慰和愉悦的感觉，增加对生活的热爱和关注。植物的颜色和形状也能够刺激视觉感官，绿色作为一种放松的色彩，能够缓解眼疲劳，降低压力水平。

自然光在居住环境中的作用同样不可忽视。阳光能够促进人体合成维生素 D，有助于改善心情和提高免疫力。在阳光明媚的日子里，阳光透过窗户洒进室内，能够带来温暖和愉悦的感受，帮助人们更好地调整生理节奏。研究发现，充足的自然光照能显著提高人的幸福感和满足感，减少抑郁症的发生。自然光的变化带来了时间感，随着光影的变换，居住空间的氛围也随之变化，使人们更加敏感于自然的节律，从而促进身心的放松。

自然材料的运用在心理舒适感方面也发挥了重要作用。现代人生活在快节奏、高压力的环境中，天然木材、石材等自然材料的应用可以带来温暖和亲切感。这些材料通常与自然环境密切相关，能够激发人们对自然的向往和认同感。触摸这些材料的质感，感受它们的温度，都会让人感到放松和宁静。自然材料往往具有良好的调湿性和透气性，能够提供一个更加健康和舒适的居住环境。

自然景观的引入也能有效提升居住者的心理舒适感。在窗外能看到绿树、花草、流水等自然景观时，人们的心理负担会减轻。研究表明，拥有自然视野的居住空间能

显著降低居住者的压力水平，提高工作和生活的效率。自然景观能够激发人们的探索欲望，鼓励人们走出室内，亲近自然，增强与自然的连接感，从而达到减压的效果。

在居住环境中引入自然元素时，设计者需考虑到整体布局和空间规划，以确保自然元素的合理配置和有效利用。适当的窗户设计可以最大限度地引入自然光，同时也为居住者提供观赏自然景观的机会。通过室内外的有机连接，打造一个开放、通透的居住空间，能够让自然元素与室内环境和谐融合，营造出宁静、舒适的氛围。

心理学研究还表明，自然元素的引入能够有效缓解认知疲劳。人们在高度紧张的工作和生活状态中，常常感到精神疲惫，难以集中注意力。接触自然环境，无论是短暂的户外散步还是在家中观察植物，均能有效减轻这种疲劳感。自然元素通过激发感觉系统，帮助人们重新获得内心的平静，恢复注意力和创造力。

（二）提升创造力

在现代居住环境中，自然元素的引入不仅为空间增添了美感，还对居住者的心理产生了深远的影响，尤其是在提升创造力方面。研究表明，自然环境与人类的心理状态密切相关，接触自然元素能够激发思维、促进创造性解决问题的能力。

自然元素（如植物、阳光和水体等）为创造力的发挥提供了良好的心理基础。当人们身处自然环境中，身体会释放出更多的多巴胺和内啡肽，这些神经递质有助于提升情绪，减轻压力。放松的心态使大脑在思考时更加灵活，创造力得以激发。在居住空间中，摆放绿色植物、营造自然采光的氛围，都可以帮助居住者保持良好的心理状态，从而提升其创造性思维。

接触自然元素能够提高注意力和专注力。研究表明，自然环境能够有效地恢复注意力，减少精神疲劳。与传统的人工环境相比，植物和自然光的存在可以使居住者的注意力集中时间更长，思维过程更加顺畅。在这样的环境中，人们更容易产生新想法，进行深入的思考。在居住环境中适当引入自然元素，可以为创造力的发挥提供更高的专注度。

自然元素还能够促进灵感的产生。当人们在自然环境中活动时，常常会产生意想不到的灵感和创意。这是因为自然的变化与多样性刺激了人们的感官，促使大脑建立新的连接。在家中设置一个小型的室内花园或阳台，或者在窗边摆放一些新鲜的花卉，都能够为日常生活增添新的视觉元素，激发思维的活跃性。通过观察自然的细节，居住者可以从中获得启发，寻找解决问题的新方式。

在设计方面，居住环境中的自然元素能够提升空间的灵活性和多样性，从而为创造力提供更广阔的舞台。开放式的空间布局与自然元素的结合，让居住者可以自由探索和实践自己的想法。利用可移动的植物墙、可调节的窗帘或灵活的家具配置，使得空间能够随时根据居住者的需求变化。这种灵活性使得居住者能够根据自己的创意进行空间的重组，从而激发更多的创造性活动。

与此同时，居住环境中的自然元素还能够促进社交互动，增强集体创造力。在自然元素环绕的环境中，人们更容易放松心情，开放交流。无论是家庭聚会还是朋友聚餐，绿植与自然光的陪伴都能促进讨论与分享。通过集思广益，个体的创造力得以增强，团队合作也因此变得更加高效。在共享的自然空间中，思想的碰撞与交融，可以激发出更多的创意火花。

居住环境中的自然元素还能够引导人们关注自身的内心感受与体验。自然元素的存在促使居住者放慢生活节奏，反思自身的需求与目标。在这种内省的过程中，人们能够更清晰地认识到自己的创造潜能，进而主动寻求实现这些潜能的方法。这种自我觉醒为创造力的提升提供了内在动力，使个体在追求创造性的道路上更加坚定。

第二节　室内绿化技巧

一、植物选择

在进行室内绿化时，植物的选择至关重要。适合的植物能够在不同的环境中发挥最佳效果，增强室内的舒适感和生机感。下面是一些室内绿化设计的技巧和植物选择的建议。

了解空间的光照条件是选择植物的第一步。不同植物对光照的需求不同，选择适合光照条件的植物是确保其健康生长的基础。对于光照充足的空间，可以选择一些喜阳植物，如虎尾兰、吊兰和波士顿蕨等。这些植物能有效吸收阳光，生长旺盛，营造出鲜活的氛围。而对于光照较弱的空间，适合选择一些耐阴植物，如绿萝、龟背竹和文竹等。这些植物在低光环境下也能生长良好，为室内增添绿色气息。

考虑空间的湿度和温度。不同植物对湿度的适应性不同，适合潮湿环境的植物如蕨类植物和水竹等，能够在浴室或厨房等潮湿的地方生长良好；而在干燥的环境中，选择一些耐旱植物，如仙人掌和多肉植物，则能更好地适应环境。温度也是植物选择的重要因素，大部分室内植物适合在 15℃ ~25℃的环境中生长，确保选择的植物适合居住空间的温度范围，以保持其健康生长。

在选择植物时，还应考虑空间的大小和布局。大空间可以选择一些大型植物，如橡胶树、发财树等，能够在视觉上形成一定的层次感和气势；而小空间则适合选择小型植物，如迷你多肉、仙人掌等，既不占空间，又能增添生机。通过合理的布局，将高低错落的植物组合在一起，可以使空间更具层次感和立体感，避免单一的植物排列造成的视觉疲劳。

另一个重要的考虑因素是植物的养护难度。在选择植物时，应根据居住者的养护经验和时间来决定。如果居住者没有太多时间进行日常养护，可以选择一些耐养的植物，如绿萝、吊兰和芦荟等。这些植物生长强健，对环境的适应性较强，适合忙碌的都市人士。而对于热爱植物护理的人，可以选择一些需要更多关注的植物，如兰花和棕竹，这些植物在养护上可能需要更多的技巧和经验，但它们的花朵和叶子会带来更加美丽的视觉享受。

在室内绿化设计中，植物的搭配也是非常重要的。不同种类的植物可以相互补充，形成一个和谐的生态系统。将高大的植物与低矮的植物结合在一起，可以创造出丰富的层次感。使用不同叶形和叶色的植物搭配，也能使空间更加生动。常见的搭配技巧包括将宽叶植物与细长叶植物相结合，或将开花植物与绿叶植物搭配，这样既能增加视觉上的变化，又能保持整体的协调性。

考虑植物的功能性也非常重要。某些植物具有空气净化的特性，如吊兰、常春藤和虎尾兰等，这些植物能有效去除室内的有害物质，提高空气质量。在选择植物时，可以考虑其净化功能，从而提升居住环境的健康程度。

植物的摆放位置也会影响其生长状态和视觉效果。一般来说，植物应避免直接放置在空调或暖气出风口附近，以免受到强烈的温度变化影响。合理的摆放位置可以使植物获得适宜的光照和温度，帮助它们健康生长。可以利用植物架、悬挂花盆等设计元素，提升植物的视觉效果，使其成为室内的一部分装饰。

在室内绿化设计中，创造与自然的联系也是一个重要的方面。通过选择本土植物或适应性强的植物，可以让居住者在日常生活中更好地感受到自然的气息，增加生活的乐趣与宁静。无论是通过窗户外的自然景观，还是通过室内的绿色植物，都能够让居住者在繁忙的生活中找到一份宁静与舒适。

二、布局规划

室内绿化设计是一种通过植物配置来提升空间美感与功能性的艺术。在布局规划时，需要综合考虑植物的种类、光照条件、空间功能和整体风格，以实现良好的视觉效果和环境效益。

选定适合的植物种类是设计的第一步。不同的植物具有不同的生长习性和环境要求，选择时应考虑室内的光照条件和湿度。对于光照充足的空间，可以选择如多肉植物、绿萝或发财树等耐光植物，这些植物不仅易于养护，还能为室内增添生气。而对于光照较弱的环境，则应选择一些耐阴植物，如蕨类、常春藤或和平百合，它们能够在较低光照下生存并保持良好的观赏性。

合理的布局规划是室内绿化设计的关键。在规划时，可以考虑以下几个方面。

空间划分。根据室内空间的不同功能区域，选择适合的植物类型。客厅作为主要活动区域，可以摆放较高的观叶植物，如龙血树或竹子，既能提升空间的高度感，又能营造放松的氛围。在书房中，则可以选择一些小型盆栽，如盆栽花卉或小型多肉，以增加书房的生机和活力。

植物组合。通过合理的植物组合，可以增强视觉层次感和丰富性。在同一空间内，可以选择不同高度、形状和颜色的植物进行搭配，形成错落有致的布局。将高大的植物置于角落，低矮的植物则放在桌面或窗台上，以实现空间的立体感。

绿化层次。在设计中应注重绿化的层次感，避免单一和单调。通过不同高度的植物组合，形成前中后景的布局效果。可以在前景放置一些小型植物，在中景放置中型植物,而在背景则选择高大的植物。这样既增加了视觉的深度,也让空间显得更加生动。

动线规划。在室内绿化设计中，动线的规划同样重要。应确保植物的摆放不会妨碍日常活动与通行。在设计时，可以通过观察空间的使用频率，合理安排植物的放置位置，避免在主要通道或活动区域放置大型植物，导致空间拥挤。

功能与美观兼顾。室内绿化不仅仅是为了美观，还可以发挥实用功能。在厨房或餐厅的窗边可以放置一些香草植物，如薄荷、罗勒等，既可用作烹饪的调料，又能增加绿色元素。在卫生间中，则可以选择一些喜欢湿润环境的植物，如兰花或芦荟，既能改善空气质量，又能提升空间的舒适感。

合理利用垂直空间。在空间有限的情况下，可以利用墙面和天花板进行绿化设计。通过悬挂植物或设置垂直绿化墙，能够有效增加植物的数量，同时不占用地面空间。这种设计不仅增加了空间的美观度，还能提升空气质量和减少噪声。

季节性变化。在室内绿化设计中，应考虑植物的季节性变化。可以根据季节更换不同的植物或花卉，保持室内环境的新鲜感。春夏季节可以选择一些开花植物，秋冬则可以引入常绿植物，确保室内绿化始终充满活力。

定期维护是确保室内绿化效果的重要环节。合理的浇水、施肥和修剪能够保持植物的健康和生长。定期检查植物的生长状态，及时处理病虫害问题，确保植物的观赏性和生机。

第三节 自然元素与空间的融合方式

一、自然元素的引入方式

（一）使用自然材料

使用自然材料不仅能够增添空间的生机和温暖，还能营造出与自然亲密接触的感觉。下面是一些有效的引入自然元素的方式，特别是通过使用自然材料来实现这一目标。

木材是最常用的自然材料之一。无论是在地板、墙面还是家具中，木材都能营造出温暖、舒适的氛围。选择优质的实木材料，如橡木、胡桃木等，能够增加空间的质感与自然美。在地面上使用木质地板，不仅耐用，还能通过其自然纹理和色泽，增添空间的层次感。对于墙面，可以选择木质护墙板或木饰面，营造出自然、温馨的效果。木制家具如餐桌、书桌和椅子，都是将自然元素融入室内设计的有效方式，能够为空间带来生动的自然气息。

石材作为自然材料，具有独特的质感和视觉效果。大理石、花岗岩等石材在室内设计中应用广泛，可以用于台面、地板以及墙面装饰。石材的天然纹理和色彩变化，使每一块石材都独一无二，能有效提升空间的奢华感和自然感。在厨房和卫生间，石材台面的使用不仅美观耐用，还能增添一些自然气息。在客厅或玄关，可以考虑使用大理石墙面，营造出大气、典雅的氛围。

麻、棉、丝等天然纤维能够带来柔和的触感和温暖的视觉效果。在窗帘和沙发的布料选择中，使用天然纤维材料能够使空间更显自然与舒适。地毯也是一个重要的设计元素，选择羊毛或麻制的地毯，不仅环保，还能有效提升空间的温馨感。在软装中，使用天然材料的靠垫、抱枕等饰品，可以进一步增强室内的自然氛围。

在引入自然元素的过程中，绿植的使用是不可或缺的。室内植物不仅能够净化空气，还能为空间增添活力。可以根据空间的光照条件选择适合的植物，如在阳光充足的客厅中摆放高大的橡胶树、发财树等，而在阴暗的角落则可以选择耐阴的绿萝、文竹等。植物的摆放位置也很重要，可以利用墙面架、悬挂盆栽等方式，使植物与空间设计相结合，形成立体的自然效果。创造一个小型的室内花园或植物角落，能够使居住者在忙碌的生活中得到一丝宁静与放松。

自然元素如石材、木材的墙面装饰，可以创造出与大自然相近的感觉。采用天然的石材拼接，形成一个独特的焦点墙，或使用木条进行创意拼贴，打造一个独特的艺术墙。这些装饰不仅能够提升空间的视觉效果，也能够让居住者时刻感受到自然的气息。

在照明设计中，自然材料的运用同样能够增强空间的自然感。使用木质灯具或竹制灯具，能够为空间带来温暖的光线和自然的韵味。选择能够调节亮度的灯具，可以根据不同时间段和情绪，营造出不同的氛围。通过照明的变化，使空间在自然光照和人工照明之间形成和谐的过渡，增强居住者与自然的连接。

在整体设计中，颜色的选择也是引入自然元素的重要方面。使用与自然相似的色彩，如大地色系、绿色、蓝色等，可以增强空间的自然氛围。这些色彩能够与木材、石材等自然材料相得益彰，形成统一和谐的视觉效果。通过色彩的搭配，可以有效地将自然元素融入整个空间设计中，使之充满生机与活力。

应根据空间的功能需求，合理规划植物、家具和装饰品的位置，确保每个元素都能发挥其最大的效果。在开放式空间中，可以利用植物和家具进行视觉上的划分，创造出不同的功能区域，同时保持空间的流动性和开放感。通过布局设计，可以使自然材料和元素在空间中形成一个有机整体，使居住者在日常生活中感受到自然的陪伴。

（二）室内植物的配置

在现代室内设计中，自然元素的引入越来越受重视，尤其是室内植物的配置。通过合理配置植物，不仅可以美化空间，还能提高空气质量，改善居住环境的舒适度。下面探讨室内自然元素的引入方式及植物的配置技巧。

室内植物的配置还应考虑到装饰的整体风格。现代风格的居室可以选择简约的植物，如小型多肉和石斛兰；而传统风格的空间则可以引入一些古典的植物，如梅花、兰花等，以匹配整体的家居风格。通过选择与室内装饰风格相协调的植物，能够提升整体美感，让空间更具品位。

在配合装饰物方面，植物与其他室内元素的搭配也是不可忽视的。可以选择与植物相互呼应的花瓶、装饰盆栽或艺术品，以形成和谐的整体效果。在窗台上摆放一盆生机勃勃的植物，搭配一个精致的花瓶，能够瞬间提升空间的艺术感。可以在植物周围放置一些自然材质的装饰物，如木质托盘或石头，以增强自然元素的表现力。

合理的灯光设计也能增强室内植物的效果。自然光的引入是植物生长的关键，因此在室内布置时，应尽量选择靠近窗户的位置。对于缺乏阳光的空间，可以使用植物生长灯，提供合适的光照条件，确保植物健康生长。灯光的选择和布置能够营造出温馨的氛围，突显植物的美感，使整个空间更具生机。

二、室内水景的设计应用

室内水景设计作为一种独特的装饰手法，不仅能够提升空间的美观度，还能营造出宁静、舒适的氛围。水景设计通过引入水元素，能有效改善居住环境的心理舒适度，促进人们的身心健康。下面将探讨室内水景设计的多种应用方式与技巧。

水景的形式多样，可以根据空间的特点和功能选择合适的设计。常见的室内水景包括水池、喷泉、水幕墙和水族箱等。水池通常适用于较大的空间，可以设计成景观池或装饰池。景观池中可以添加水生植物，如睡莲和水葱，营造出自然和谐的感觉；而装饰池则可以结合艺术元素，加入石材、灯光等，形成独特的视觉焦点。

水幕墙是一种创新的水景设计，它通过薄膜将水流垂直落下，形成一面动感的水帘。水幕墙不仅可以作为室内装饰，还能起到隔断空间的作用。通过调节水流的速度和光影效果，水幕墙可以在不同的时段营造出不同的氛围，带来视觉与听觉的双重享受。水幕墙后可以设置灯光，通过灯光的变化，水景会展现出不同的色彩效果，提升整体空间的艺术感。

在设计水景时，水的流动性和声音也极为重要。流水的声音能够起到很好的减压效果，帮助人们放松身心。设计时可以考虑在水流出口处设置小石头或沙子，增加水流的层次感，同时使水声更加悦耳。流动的水不仅能产生美妙的声音，还能增加空间的生动感，提升整体设计的品质。

室内水景的色彩搭配也是设计中的关键因素。水景的蓝色和清澈的水面能够给人带来放松和宁静的感觉，因此在设计时可以选择与水景相协调的色调。例如，墙面和家具可以选用浅色系，与水景形成对比，突出水景的视觉效果。通过在水景周围搭配绿色植物，可以增强自然的感觉，使水景更具生命力。

照明设计在室内水景中也不可忽视。合适的照明能够使水景更加生动，突出水面的波光粼粼效果。可以考虑使用 LED 灯带或聚光灯，调整光源的方向和亮度，以实现不同的光影效果。在夜间，水景的灯光可以创造出梦幻般的氛围，增加室内空间的吸引力。灯光的颜色也可以根据不同的场合进行调整，增强空间的多样性。

在选择水景的材料时，应优先考虑耐水性和易于清洁的材料。常用的材料有玻璃、不锈钢和陶瓷等。玻璃材质能够呈现出透明和轻盈的感觉，使水景更显现代感；而不锈钢则增加了工业风的元素，带来稳重的气息。水景底部的材料也应选择防水、防滑的设计，确保使用安全。

水景的维护与保养同样重要。定期清洁水面、检查水泵和过滤系统是保持水景良好状态的必要工作。为了保持水质清澈，可以考虑在水中加入适量的水生植物，这些植物不仅能够净化水质，还能增添自然气息。保持水景的清洁与美观，能够延长其使用寿命，同时提升空间的整体效果。

室内水景设计的应用还可以与其他自然元素结合，形成更加丰富的空间体验。在水景旁边设置舒适的座椅或躺椅，供人休息和放松，创造一个亲近自然的空间。结合绿植、岩石、木材等元素，可以形成一个小型的自然生态系统，让居住者在繁忙的生活中感受到大自然的气息。

第七章　储物空间的美学

第一节　储物空间的规划原则

一、储物空间的功能规划

（一）利用垂直空间

在现代居住环境中，储物空间的功能规划至关重要。随着生活水平的提高，人们对空间的利用要求越来越高，尤其是在小户型或空间有限的情况下，合理利用垂直空间显得尤为重要。通过有效的设计和布局，可以实现储物功能的最大化，同时保持空间的整洁和美观。

垂直空间的利用能够有效增加储物容量。传统的储物方式往往局限于地面水平，导致空间的浪费。通过安装壁柜、架子或吊柜，可以将物品存放在高处，腾出地面空间。这种设计不仅能增加储物的灵活性，还能使物品的存取更加方便。利用墙面安装的储物设施，可以实现多层次的收纳，满足不同类型物品的存放需求，如书籍、家居用品和装饰品等。

高挑的储物设计可以使空间显得更加开阔，增加居住者的舒适感。在色彩和材质的选择上，轻盈感的设计可以减少压迫感，如选择浅色调的材料或透明的储物架。这种视觉上的轻盈感使得即使储物空间较多，也不会让人感到拥挤和杂乱。

在垂直空间的功能规划中，灵活性是一个重要的考虑因素。采用模块化设计的储物系统，可以根据实际需求进行调整。可移动的架子和可调节的层板设计，使得储物空间能够根据物品的不同尺寸和数量进行重新配置。这种灵活性使得空间的使用效率大大提高，同时也能适应不断变化的生活需求。

垂直空间还可以结合其他功能进行综合规划。在书房中，可以将书架与办公区结合，通过合理布局，实现学习和储物的双重功能。将书架设置在工作台的旁边，不仅节省空间，还能提高工作效率。类似地，在卧室中，可以将床下的空间充分利用，设计成抽屉或收纳箱，进一步提升储物功能。

在设计垂直储物空间时，安全性也是一个不可忽视的因素。特别是在高处存放重物时，应考虑到储物设施的稳固性和承重能力。选用优质的材料，确保架子的稳固性，避免因重物掉落造成的安全隐患。设计时也应考虑到储物的便利性，避免将常用物品放置在过高的位置，以免取用不便。

垂直空间的功能规划不仅仅是储物的需要，还可以提升生活的品质。通过设计独特的储物空间，可以将物品的存放与家庭的个性化风格结合起来，创造出独特的居住体验。将绿色植物与储物空间结合，可以实现物品的存放，增添生活的活力。利用垂直空间打造展示架，将喜欢的艺术品或旅行纪念品展示出来，让空间更具个性和温馨感。

（二）灵活设计

随着生活节奏的加快和空间资源的紧张，灵活的储物设计不仅可以提升空间利用率，还能增强居住者的生活质量与工作效率。

储物空间的功能规划应考虑多样化的使用需求。现代家庭和办公室的储物需求往往呈现出多元化的趋势，不同的物品需要在功能上进行分类和储存。设计时应考虑不同类型物品的特性，比如，书籍、衣物、办公用品和电子设备等，采用灵活的储物单元进行分类存放。这种分类储存不仅便于物品的查找与使用，也能有效减少空间的杂乱感。

储物空间的设计应注重空间的灵活性和可变性。现代生活中，需求常常是变化的，因此储物空间不应是固定不变的。在设计中引入模块化和可移动的储物单元，可以根据实际需求进行调整。使用可移动的架子或柜子，使其能够根据季节或活动的变化而灵活调整。这样的设计不仅提高了空间的使用效率，还能为居住者提供更高的便利性。

现代居住空间越来越强调个性化与美学，储物空间的设计不应单一追求实用性，还应与整体空间风格协调。选择材质、颜色和形状时，需考虑与周围环境的搭配，使储物空间成为室内设计的一部分。

在设计储物空间时，细节决定使用体验。合理的拉手设计、合适的抽屉深度、可调节的搁板高度等，都能显著提高用户的使用便利性和舒适度。可以考虑在储物空间中引入智能技术，如智能储物柜和传感器等，实现物品的自动识别与管理，进一步提升空间的现代感与便捷性。

安全性也是储物空间设计的重要考虑因素。尤其在家庭环境中，存放儿童玩具、药品和危险物品时，需要设计合理的锁闭机制，确保安全。对于高处的储物空间，应设计便于取放的梯子或可调节的架子，避免因使用不当而导致的意外。

二、储物空间的美学原则

（一）统一风格

在现代居住环境中，储物空间的设计不仅关乎实用性，也涉及美学原则。统一风格是储物空间设计中的一个重要方面，通过保持设计的一致性和和谐性，可以提升空间的整体视觉效果，营造出舒适宜人的居住环境。

统一风格的设计能够增强空间的整体性。在储物空间的布局和选择上，应遵循统一的色彩、材料和造型。通过选择相同或相似的颜色，可以使储物空间与整个房间的色调相协调，避免色彩的冲突。材料的统一也能够增强空间的质感，比如，在书架、橱柜和其他储物家具中使用相同的木材，能够有效提升整体的和谐感。

统一的造型和设计元素也能够提升储物空间的美学价值。选择简洁而富有设计感的储物家具，可以使空间显得更加精致。流线型的书架或柜子不仅具备良好的储物功能，还能作为空间中的艺术品，吸引眼球。在家具的选择上，避免过于复杂或烦琐的设计，以保持空间的简约风格。对于配件和装饰品的选择，也应遵循统一的主题，如选择相同材质或颜色的储物盒、装饰品和灯具，使整体视觉效果更加和谐。

统一风格的储物空间设计还应考虑到功能性与美观性的结合。设计时需要明确每个储物区域的功能，如书籍、衣物、杂物等，合理规划不同物品的存放位置。在这一过程中，除了保证储物的实用性，还需注重美观的展示效果。在开放式书架上，适当地摆放书籍和装饰品，可以避免单一储物空间的单调感，增加视觉的层次感。通过合理的照明设计，可以提升储物空间的美学效果，营造出柔和的氛围。

另一个关键点是，储物空间的美学原则也应体现在空间的布局和功能上。在进行储物空间设计时，充分考虑家具和储物设施的布局，使其既能满足储物需求，又能与空间整体风格相协调。在厨房中，选择与橱柜风格一致的储物架，能满足厨房物品的收纳，提升整体的美感。通过灵活的布局，可以使空间看起来更加开阔，同时也能提升使用的便利性。

统一风格的储物空间还可以通过细节的把握来增强美感。选择一些精致的五金配件，如拉手、铰链等，能够在无形中提升储物空间的档次感。细致入微的设计往往能体现主人的品位，使得储物空间不仅仅是实用的区域，更是彰显个性与生活品位的体现。

随着生活方式的变化，储物空间的美学设计也应保持灵活性和适应性。可以根据季节变化或个人喜好，适当调整储物空间的配件和布局，以保持空间的新鲜感和活力。使用可移动的储物箱或收纳篮，不仅可以在需要时提供灵活的储物方案，还能通过变化的造型和颜色，使空间更具生机。

（二）简洁明了

储物空间的美学原则在现代居住和工作环境中起着重要作用。一个设计良好的储物空间不仅实用，还能提升整体空间的美感。

简约主义是储物空间设计的重要美学原则。简约主义强调去除多余的装饰，追求简洁和功能性。在储物空间中，设计师应避免复杂的装饰和过多的元素，选择干净的线条和简单的形状，使空间看起来更加整洁。使用少量的色彩和材料，能有效减少视觉干扰，增强空间的舒适感。

功能性与美观性相结合是储物空间设计的核心。设计不仅要满足储物需求，还应在外观上与整体环境协调。储物柜、架子和抽屉等元素在功能上要考虑物品的分类和存放方式，而在视觉上则应与房间的风格相一致。在现代风格的家居中，可以选择简约的白色或木质储物家具，而在传统风格的房间中，则可以选用经典的深色木材和精致的雕花设计。

色彩运用是另一个重要的美学原则。色彩对空间的氛围和视觉效果有着显著影响。储物空间的色彩选择应考虑周围环境，通常应选择与整体空间色调相协调的颜色。在使用色彩时，需注意颜色的搭配和层次感，避免过于单调或混乱。

材质的选择同样影响储物空间的美学效果。不同的材料具有不同的质感和视觉效果，木材、金属、玻璃等材料的结合使用，可以创造出丰富的层次感和对比。天然材料（如实木）不仅具有温暖的感觉，还能增添自然气息，而金属和玻璃则可以带来现代感和简约风格。在选择材料时，还需考虑其耐用性和维护成本，确保美观与实用的平衡。

灯光设计也是储物空间美学的重要方面。合理的灯光可以突出储物空间的设计美感，营造温馨舒适的氛围。通过在储物柜内或周围安装灯带，可以有效提升物品的可见性，增加空间的层次感。灯光的亮度和色温也应与整体空间相协调，避免产生刺眼或阴暗的效果。

空间的布局与组织是实现美学原则的重要环节。储物空间应根据实际使用需求进行合理布局，确保物品的取放方便。在设计时，可以考虑使用开放式架子和隐藏式储物，前者能展示美观的物品，后者则可隐藏杂物，使空间看起来更为整洁。应根据物品的使用频率进行分类，常用物品应放置在易于拿取的地方，而不常用的物品可以放在较高或较深的位置。

个性化的设计能够为储物空间增添独特的美感。通过加入个人风格的元素，如特定的装饰品、照片框架或艺术品，可以使储物空间更具个性和温暖感。这种个性化设计不仅能反映居住者的品位，还能使空间更具归属感。

保持空间的整洁是实现美学原则的重要基础。无论储物空间的设计多么出色，如果缺乏维护和整理，都会影响整体的美观。定期清理和整理物品，确保每个物品都有自己的位置，可以帮助保持空间的清新和有序。整洁的环境不仅美观，还能提升居住和工作的舒适度。

第二节　隐藏式与展示式储物的结合

一、隐藏式储物的优势

（一）节省空间

随着城市化进程的加快，许多人面临着居住空间狭小的问题，如何在有限的空间内实现物品的合理存放和布局，成为家居设计的重要课题。隐藏式储物作为一种创新的存储解决方案，能够极大地节省空间，使得居住环境更加宽敞舒适。

隐藏式储物通常包括嵌入式家具、墙壁储物柜、床下储物箱等，这些设计不仅能有效利用房间的每一寸空间，还能通过巧妙的设计减少视觉上的拥挤感。在客厅中，使用嵌入式书柜和电视柜可以将物品收纳得更加紧凑，使得整个空间显得整洁有序。隐藏式储物设计往往能与家居整体风格融为一体，从而提升空间的美观度。

这种储物方式还有助于创造多功能空间。以客厅为例，通过隐藏式储物，房间不仅可以用作休闲和娱乐的空间，还可以轻松转换为工作区域或社交场所。将桌子或沙发下方设计成储物柜，能够让使用者根据需求自由调整空间的功能。这种灵活性不仅提高了空间的使用效率，也满足了现代人对居住环境多样化需求的追求。

隐藏式储物还有助于减少家具的数量。传统的家具往往占据大量空间，且功能单一，难以满足多样化的存储需求。而通过隐藏式储物设计，可以将多个功能合并到一件家具中，从而减少整体家具数量，减少空间占用，进一步增强居住空间的开放感。

（二）保持整洁

在快节奏的现代生活中，保持整洁已成为人们追求的目标之一。隐藏式储物的设计恰好为实现这一目标提供了理想的解决方案。通过有效的存储设计，隐藏式储物不仅能减少视觉上的杂乱，还能为居住者创造一个更加舒适、宜居的环境。

隐藏式储物能有效消除空间中的杂物。生活中，许多物品因为缺乏合适的存放位置而随意摆放，造成空间的凌乱。而隐藏式储物设计提供了专门的存放区域，能够将这些物品有序收纳。将玩具、书籍、文件等物品收纳在专门设计的储物柜中，不仅使得空间看起来更加整洁，也方便日常使用。家人在需要时可以轻松找到所需物品，而不必在杂乱的环境中翻找。

隐藏式储物还鼓励物品的分类管理。通过为不同类别的物品设计专门的存储空间，居住者可以养成良好的整理习惯。在厨房中，可以将调料、餐具和烹饪工具分别存放在不同的抽屉和柜子中。这样的分类提高了取用的便利性，减少了清洁时的麻烦，确保了厨房环境的整洁。

二、展示式储物的优势

（一）个性化展示

展示式储物是一种新兴的空间设计理念，它不仅满足了储物的基本需求，还兼具展示和美化的功能。通过合理的设计和布局，展示式储物能够为居住空间增添个性化的元素，提升生活的质量与品味。

展示式储物强调物品的可视性，使得储物空间不仅仅是物品的隐藏处，而是成为一种艺术展示。这种设计理念鼓励将物品摆放在开放式的架子、展示柜或壁挂架上，能够有效地将常用物品与美观的装饰品结合在一起，形成独特的视觉效果。书籍、艺术品、旅行纪念品等都可以通过精心的摆放，展示出居住者的个性与品位。这样的布局让人们在日常生活中，能够随时欣赏到这些物品所带来的美感，提升了空间的文化氛围。

展示式储物鼓励个性化的设计。在选择展示家具时，居住者可以根据自己的兴趣、爱好和生活方式进行定制或选择。爱好阅读的人可以设计一面书墙，将喜欢的书籍和装饰品结合在一起，形成一个独特的阅读角落；而热爱艺术的人则可以将画作、雕塑等艺术品以开放式的形式展示，营造出独特的艺术氛围。通过这种个性化的展示，居住者可以将自身的生活理念和审美情趣融入空间设计中，使得家居环境更具温度和情感。

与传统的封闭式储物空间不同，展示式储物可以根据物品的变化和居住者的需求进行灵活调整。开放式架子可以随时更换展示的物品，使得空间保持新鲜感，避免单调的感觉。这样的灵活性不仅满足了储物的实用性，也为居住者提供了展示创意和个性的空间。通过定期更换展示的物品，可以反映居住者的生活变化，带来视觉上的新体验。

将物品以开放的形式摆放，可以避免空间的压迫感，增添通透感和舒适度。在设计时，通过不同高度的架子、墙面或家具的组合，可以营造出丰富的视觉层次，使空间显得更加立体。结合墙面挂架和地面储物柜，可以形成一个多层次的展示效果，使整个空间更加生动。展示式储物能够充分利用垂直空间，让空间的使用更加高效。

合理的照明可以突出展示的物品，增强其视觉效果。在展示架上方安装射灯或LED灯带，可以将重点物品照亮，使其成为空间的焦点。通过灯光的变化，不同时间段可以呈现出不同的氛围，为居住者创造出独特的居住体验。灯光也可以通过营造温馨的环境，提升居住者的舒适感。

在进行展示式储物设计时，也需要注意保持空间的整洁与有序。尽管开放式展示能够增加个性化的元素，但过多的物品摆放容易导致视觉上的杂乱。合理规划展示的数量和布局非常关键。建议选择具有代表性的物品进行展示，避免过度装饰，从而保持空间的整洁和美观。定期对展示的物品进行清理和整理，以确保它们的良好状态，提升整体的视觉效果。

（二）方便取用

展示式储物最大的优势在于方便取用。与传统的封闭式储物柜相比，展示式储物采用开放式设计，使物品一目了然。这样的布局不仅能够快速找到所需物品，减少查找时间，还能让使用者对物品的存放状况有清晰的了解。尤其在忙碌的生活中，快速取用物品的便利性显得尤为重要。展示式储物设计还鼓励将常用物品放置在易于拿取的位置，进一步提高了日常生活和工作的效率。

展示式储物还促进了物品的管理和组织。开放式的储物方式要求物品必须有序地放置，这促使使用者养成良好的整理习惯。通过对物品进行分类和归位，使用者能够更好地掌控每件物品的去向。随着时间的推移，这种管理方式可以减少物品的遗失和重复购买，节约资源和开支。定期的整理和更新也能够让空间保持新鲜感，使居住者对环境的满意度不断提高。

展示式储物为空间提供了灵活性。开放式设计允许使用者根据需求灵活调整物品的摆放位置，不再局限于固定的存放方式。可以根据季节或活动的不同，随时更换展示的物品，这样不仅增加了空间的动态感，还能让居住者或员工感受到环境的变化，提升生活和工作的趣味性。

展示式储物也能增强人与空间之间的互动。在家庭中，展示的书籍、相册和艺术品不仅是物品的陈列，更是家庭成员情感和记忆的体现。通过展示这些物品，能够引发交流与分享，增强家庭的凝聚力。

三、隐藏式与展示式储物的结合

（一）功能与美学的平衡

在现代家居设计中，隐藏式储物与展示式储物的结合，成为一种有效的空间利用方式。这种设计不仅满足了日常生活中对储物的需求，还兼顾了空间的美学效果。通过巧妙地将两者结合，可以在功能与美学之间找到理想的平衡，实现空间的高效利用与视觉的和谐统一。

隐藏式储物主要指的是那些不直接暴露于视线中的储物方案，通常采用封闭的柜体、抽屉或储物箱等形式。这种设计的优点在于能够有效地将杂物和不常用的物品隐藏起来，保持空间的整洁和有序。尤其在小户型或空间有限的环境中，隐藏式储物能够最大限度地减少视觉上的杂乱，提升居住者的舒适感。

而展示式储物则强调开放式的收纳，允许物品以可视的方式进行陈列。这种设计的魅力在于通过展示所珍藏的物品，提升空间的个性化和艺术感。书籍、艺术品、旅行纪念品等都可以通过展示架或墙面架子进行合理的布局，使空间不仅具备储物功能，还能展现居住者的品位与生活态度。开放式的设计鼓励人们对生活中喜欢的物品进行展示，形成独特的视觉焦点，增强空间的吸引力。

在隐藏式与展示式储物的结合中，设计的关键在于找到功能与美学的平衡。设计师可以通过巧妙的布局，将隐藏式储物与展示式储物有机结合。在一面墙上，可以设置一部分封闭式的储物柜，用于存放不常用的物品，而在其余的空间则设计成开放式的书架或展示柜，将美观的装饰品和书籍陈列出来。这种分区设计不仅能实现功能上的合理分配，还能使空间看起来更加丰富与多样。

（二）分层设计

在现代家居和办公环境中，隐藏式与展示式储物的结合，通过分层设计的方式，可以有效提高空间的利用率与美观性。这样的设计既满足了功能性需求，又增强了视觉层次感，为居住者和使用者提供了更为舒适和高效的环境。

在分层设计中，底层或隐藏层可以专门用于存放这些物品，保持日常活动区域的整洁。此类设计非常适合小户型或有限空间的环境，通过合理配置隐藏式储物，不仅提升了空间的实用性，还能使整个空间显得更加宽敞。

展示式储物则提供了空间的个性化与美观性。在分层设计中，展示层通常位于更显眼的位置，比如墙面中部或上方，使用者可以轻松取用，且这些物品能够成为空间的装饰元素。这样一来，展示式与隐藏式储物的结合，使得空间既具有实用性又充满个性，满足了不同的需求。

分层设计还可以通过高度差来增加空间的立体感。在展示式储物的设计中，可以利用墙面高度，设置多个层次的展示架。这些展示架可以放置不同大小和类型的物品，从而形成视觉上的层次感和丰富感。相比单一高度的设计，分层展示能够更好地利用垂直空间，增加储物容量，同时也使得整个空间更加生动。

在选择材料和色彩时，隐藏式与展示式储物的结合也应考虑整体协调性。使用相似的材质和色彩，使得两个储物方式在视觉上能够和谐统一。

合理的照明设计也是结合隐藏式与展示式储物的重要因素。在展示层，可以通过内置灯带或聚光灯，突出展示物品的美感，增强视觉吸引力；而在隐藏层，考虑使用柔和的照明，确保在取用物品时的便利性。这样的照明设计不仅提升了空间的功能性，还能营造出舒适的氛围。

第八章　智能家居的美学

第一节　智能家居技术的发展

一、智能家居技术的演进

（一）早期智能家居技术

智能家居技术的演进是一个逐步发展的过程，从早期的基本自动化设备到如今的高度智能化系统，经历了多个阶段的变革。早期智能家居技术主要集中在提高居住环境的舒适性和便利性，尽管其功能相对简单，但为后来的技术发展奠定了基础。

在20世纪70年代，智能家居的概念开始初步形成。那个时期，家用电器的自动化程度逐渐提高，家庭中出现了一些基本的电气控制系统。最初的智能家居技术主要集中在照明控制和温度调节方面。定时开关被广泛应用于家庭照明系统，可以设定灯光的开关时间，从而实现一定程度的自动化。这样的设备虽然功能简单，但为人们提供了便捷的使用体验。

到了20世纪80年代，随着电子技术的发展，家庭自动化系统的功能有所扩展。红外线遥控器的普及使得家庭娱乐设备的控制变得更加便捷，用户可以远程操控电视机和音响设备。这一时期，部分家居产品开始支持集中控制，通过简单的面板或开关实现对多个设备的控制。这些进步虽然依然局限于单一功能，但为日后的智能家居系统提供了初步的用户界面。

20世纪90年代是智能家居技术发展的重要时期，互联网的出现极大地推动了家庭设备的互联互通。早期的智能家居系统开始利用网络技术，使得用户可以通过计算机或手机远程控制家中的设备。某些公司推出了基于互联网的家庭监控系统，用户可以通过电脑查看家庭摄像头的实时画面。这种功能不仅提高了家庭安全性，也让人们体验到远程控制的便利。

（二）物联网的引入

智能家居技术的演进与物联网的引入密切相关，这一进程不仅改变了家庭生活的方式，也提高了家居产品的智能化水平和用户体验。随着科技的不断进步，智能家居逐渐从最初的简单自动化设备发展成为一个复杂的系统，通过物联网技术实现不同设备之间的互联互通，形成一个智能化的家庭生态环境。

智能家居的起源可以追溯到20世纪60年代，当时主要是通过简单的控制系统来实现家居设备的自动化。那时，家居自动化设备（如定时开关、远程遥控等）逐渐出现，但功能相对单一，用户体验有限。进入21世纪后，随着信息技术的迅猛发展，尤其是网络技术和通信技术的进步，智能家居技术迎来了快速发展的契机。

物联网的引入为智能家居的发展提供了基础。物联网技术通过将各种设备连接到互联网，实现数据的采集、传输和分析，使得家庭中的各类智能设备能够彼此沟通。家电、传感器、监控设备等通过无线网络连接，不仅提高了设备的智能化程度，也使得用户能够通过手机或其他终端实现远程控制。用户可以通过手机应用程序在外出时随时监控家庭安防，调节空调温度，或查看冰箱内的食物存储情况。

智能家居设备的智能化不仅体现在控制方式的变化上，还在于数据分析与自动化决策的能力。通过收集用户的使用习惯和环境数据，智能家居系统可以主动提供服务和建议。智能温控系统可以根据用户的日常作息自动调节室内温度，智能照明系统可以根据自然光的变化自动调整灯光亮度。这种基于数据的智能决策，提升了居住的舒适度，提高了能源利用效率。

二、智能家居技术的未来趋势

（一）全面互联

智能家居技术的未来趋势正朝着全面互联的方向发展，这种趋势不仅改变了人们的居住方式，还在提升生活质量、增加便利性和提高能效等方面产生了深远的影响。随着物联网、人工智能和大数据等技术的不断进步，智能家居系统将更加智能化和互联化，形成一个高度集成的生活生态。

全面互联意味着家居设备之间的无缝连接。未来的智能家居将不再是孤立的设备，而是一个集成的系统，各种智能设备可以通过统一的平台进行管理和控制。这种互联性使得不同品牌、不同类型的设备可以实现互操作，无论是灯光、温控、安防还是家电，都能够在同一网络环境下共同工作。用户可以通过一个智能手机应用程序控制家中的所有设备，实现集中管理和操作。

随着5G技术的普及，智能家居的互联将更加高效和稳定。5G网络的高速率和低延迟特性，能够支持更多设备同时在线，并确保数据的实时传输。这意味着用户可以随时随地通过智能手机或其他终端，远程监控和控制家中的设备，无论是在工作还是旅行期间，都能轻松掌握家庭状况。这种便利性不仅提高了生活的舒适度，也增强了家庭的安全性。

（二）安全性与隐私保护

智能家居技术的快速发展给人们的生活带来了诸多便利，但与此同时安全性与隐私保护问题也日益凸显。在未来的发展中，智能家居将面临更高的安全要求与隐私保护挑战，如何平衡这两者将成为关键。

智能家居设备的普及使得家庭网络面临着前所未有的安全威胁。随着越来越多的设备连接到互联网，包括智能灯泡、智能音箱、监控摄像头等，攻击者可以通过这些设备进入家庭网络，窃取用户信息或实施网络攻击。未来的智能家居系统必须具备更强的安全防护措施，包括设备身份验证、加密通信和安全更新等。采用强密码和双重身份验证可以有效降低未授权访问的风险，定期的固件更新可以修补已知的安全漏洞。

隐私保护是智能家居技术面临的另一大挑战。许多智能设备依赖于数据收集和分析来提升用户体验，但这也意味着大量个人数据的产生与传输。用户在享受智能家居带来的便捷时，往往难以意识到自己的行为数据、位置信息和家庭习惯等敏感信息被记录和分析。未来的智能家居技术需要在设计之初就考虑隐私保护机制，确保用户数据的收集和使用是透明且可控的。

在隐私保护方面，设备制造商应采取数据最小化原则，仅收集必要的用户数据。用户应拥有对个人数据的控制权，包括查看、修改和删除数据的能力。智能家居系统应明确告知用户数据的使用方式，确保其在数据共享前获得充分的知情同意。通过建立透明的隐私政策和用户协议，提升用户对智能家居设备的信任度。

第二节　智能家居的美学理念

一、美学在家居设计中的重要性

美学在家居设计中扮演着至关重要的角色，直接影响着居住空间的功能性、舒适性和视觉吸引力。一个精心设计的家居环境不仅能够提高居住者的生活质量，还能在心理上带来愉悦感和满足感。下面将探讨美学在家居设计中的重要性及其具体体现。

合理的空间布局可以有效利用每一寸空间，使得居住环境既美观又实用。通过科学的设计，可以将不同功能区域进行合理划分，如客厅、餐厅和卧室等，确保各个空间在使用上的独立性与流畅性。色彩的选择和搭配也极为关键。温暖的色调可以使空间显得更加亲切，而冷色调则可以营造出宁静的氛围。通过合理的色彩组合，能够有效调节居住者的情绪，提升整体生活体验。

家具不仅是功能的载体，更是空间风格的体现。选择符合整体设计风格的家具，能够使空间更加协调统一。比如，现代简约风格的家居设计常常选择线条简洁、材质轻盈的家具，而复古风格则倾向于使用古典造型和深色木材的家具。通过合理的家具布局，不仅提升了空间的实用性，还能展现居住者的个性与品味。定制家具的兴起使得家居设计更加灵活，能够根据个人需求和空间特点量身定制，进一步增强了个性化的表现。

二、智能家居与传统家居的美学对比

智能家居与传统家居在美学上的对比体现了两种不同的设计理念和生活方式。随着科技的发展，智能家居逐渐成为现代生活的重要组成部分，而传统家居则保留了更为经典和人性化的设计风格。下面是对这两种家居类型在美学方面的深入探讨。

智能家居强调功能与技术的融合。智能家居的设计往往注重于科技感和现代感，采用简约、流线型的设计风格，以便突出其高科技的特性。许多智能家居产品，如智能音响、智能灯光控制系统等，通常使用金属、玻璃等材料，呈现出一种冷静而未来感十足的视觉效果。这种设计理念使得智能家居不仅仅是居住空间的延伸，更是现代科技的体现，往往引人注目，给人一种前卫和创新的感觉。

相比之下，传统家居更注重温暖和人情味。传统家居的设计通常融合了历史文化、地域特色以及个人情感，常见的元素包括实木家具、手工艺品以及温暖的色调。传统家居往往追求一种舒适、温馨的氛围，家具的选择和摆放多考虑家庭成员的生活习惯，强调人与环境之间的和谐关系。这种设计不仅具有实用性，还能传递出一种浓厚的人文气息，让人感到亲切和放松。

智能家居在色彩运用上往往倾向于简洁和冷色调。黑、白、灰等中性色调是智能家居设计中的常见选择，这些颜色不仅符合现代审美，还能使空间看起来更加开阔和干净。智能家居的灯光系统可以根据用户需求调节色温和亮度，从而营造不同的氛围。这种可调性为空间的美学增添了灵活性，能够根据用户的情绪和场合变化而变化。

第三节　智能家居与空间设计的结合

一、智能家居技术对空间设计的影响

（一）空间布局优化

随着智能家居技术的迅速发展，空间布局的设计理念也随之发生了变化。智能家居不仅仅是对设备的智能化改造，更是在空间使用上实现了最大化的灵活性和便利性。传统的空间布局往往受限于固定的家具和设备，而智能家居技术的应用，使得设计师可以更加注重空间的功能性与可变性。

利用智能设备的无线控制特性，设计师能够创建开放的空间结构，减少家具的物理束缚。通过在布局中加入可移动的家具，用户可以根据需求自由调整空间的用途，能够将客厅的区域转变为临时的工作区。这样的布局优化不仅提高了空间的使用效率，还能够使居住者更好地应对快速变化的生活需求。

智能家居系统的数据分析功能也能提供空间使用的反馈。通过监测家中各个区域的使用频率，设计师可以了解哪些空间被频繁使用，哪些则很少利用，从而进行针对性的调整和改进。这种基于数据驱动的设计方式，能够有效提升居住者的使用体验，优化空间的功能配置。

（二）多功能家具设计

智能家居技术的普及催生了多功能家具的设计理念。现代家庭对空间的要求越来越高，而多功能家具正是解决这一问题的有效手段。多功能家具能够根据不同的需求进行灵活变换，实现一物多用，节省空间并提高使用效率。

智能家具制造商现在还在积极探索通过智能控制实现家具的自动化变换，比如，自动伸缩的餐桌和可调节高度的书桌。这些设计不仅提升了空间的灵活性，也为居住者提供了更便捷的生活方式。

智能家居系统与多功能家具的结合，进一步增强了用户的体验。通过手机应用程序，用户可以预设家具的状态和位置，实现个性化的空间管理。无论是放松、工作还是娱乐，居住者都能根据需要快速调整家具的布局和功能，提高生活质量。

二、空间设计提升智能家居体验

（一）智能控制面板集成

在智能家居环境中，控制面板的设计至关重要。它是用户与智能设备之间的桥梁，直接影响到使用体验的流畅度与便捷性。集成化的智能控制面板设计能够使所有智能设备集中管理，从而简化操作流程，提高用户的使用效率。

设计师在空间布局时，应考虑控制面板的最佳位置，使其在视觉和操作上都能达到最佳效果。一般来说，控制面板应放置在常用区域，如入口、客厅或厨房等位置，便于用户随时监控和调整设备状态。面板的设计也应与整体家居风格协调一致，确保美观与功能的统一。

现代智能控制面板不仅限于传统的开关与调节器，更应集成触摸屏、语音控制等高科技元素，使得用户能够通过简单的手势或声音命令来控制家中的各个智能设备。用户可以通过语音指令来调节灯光、温度或安防系统，极大地方便了日常生活。控制面板的高度集成与智能化，使得用户在家居生活中能够享受到无缝衔接的体验。

（二）隐蔽布线设计

隐蔽布线是智能家居空间设计中不可忽视的重要环节。随着智能设备数量的增加，合理的布线设计不仅能保持空间的美观性，还能确保智能家居系统的稳定性与安全性。通过将布线隐藏在墙体、地板或天花板中，设计师能够有效减少外露电缆对空间美观的影响，同时降低设备的故障率。

在进行隐蔽布线设计时，设计师需要充分考虑未来设备的扩展性。随着科技的不断进步，用户可能会不断增加新的智能设备，布线时应预留足够的接口和通道，以便后续的扩展和维护。设计师还需关注布线的安全性，确保电缆材料的选择符合标准，避免潜在的火灾隐患。

隐蔽布线设计还可以与智能家居系统的监控功能相结合。通过安装智能传感器，用户可以实时监控家中电力使用情况，及时发现异常，保障家庭安全。综合考虑布线的美观性、扩展性与安全性，设计师能够为用户创造一个更加安全、舒适和美观的智能家居环境。

第九章　住宅设计美学的未来趋势

第一节　智能融合·未来家居新生态

一、智能家居的现状与发展趋势

（一）智能家居的定义与概念

智能家居是指通过互联网和智能设备，将家庭中的各种电器和系统进行连接与控制，形成一个智能化的居住环境。其核心理念是通过信息技术与自动化技术的结合，使家居生活更加便捷、高效和安全。智能家居系统通常包括智能照明、智能安防、智能温控、智能娱乐等多个方面，能够实现远程控制、设备自动化和环境优化。

（二）市场现状与规模分析

消费者对生活品质的要求不断提高，智能家居设备以其便捷性和舒适性，逐渐成为现代家庭的标配。从智能灯泡、智能音响，到智能安全监控系统，各种智能设备的涌现使得家庭生活变得更加智能化和个性化。与此同时，随着物联网技术的成熟，设备间的互联互通也越来越普及，消费者对于智能家居的接受度逐渐提升。

科技的快速发展也给智能家居市场提供了强有力的支持。人工智能、大数据和云计算等技术的应用，使得智能家居设备的功能更加丰富，用户体验也得到了显著提升。如今，许多智能家居产品不仅具备基本的控制功能，还能进行环境监测、行为分析和智能推荐，进一步提升了产品的附加值。

市场竞争的加剧也推动了智能家居行业的快速发展。越来越多的科技公司、传统家电企业和新兴创业公司进入这一领域，推出各类智能家居产品，丰富了市场供给。巨头企业的加入，如谷歌、亚马逊、阿里巴巴等，使得智能家居行业的资源整合与技术创新不断加速，为消费者提供了更多选择和更高的性价比。

二、智能融合在未来家居生态中的应用

（一）智能家居设备的互联互通

智能家居的互联互通是实现智能生活的基础。通过物联网技术，家庭中各种智能设备能够无缝连接，并通过统一的平台进行管理。这种互联互通的能力，提高了设备之间的协同工作效率，为用户提供了更加灵活和个性化的使用体验。

在一个理想的智能家居环境中，所有设备可以通过一个智能手机应用或语音助手进行统一控制。用户在出门时可以通过手机一键关闭所有电器、锁门并设置安防模式。家中的智能设备也可以相互之间进行数据交换和指令传递。当智能门锁检测到用户的到来时，系统可以自动解锁并打开智能灯光，为用户营造一个温馨的入户环境。

这种设备的互联互通不仅体现在日常使用中，还可以通过智能场景的设置，实现更复杂的功能。在“家庭影院模式”下，系统可以自动调暗灯光、关闭窗帘，并打开电视和音响设备，营造出理想的观影氛围。这样的智能场景设置，提高了居住者的生活质量，也使得智能家居系统的使用更加便捷和人性化。

（二）人工智能在家居中的角色

人工智能（AI）在智能家居中的应用正日益广泛，其重要性也越加凸显。AI 不仅提升了智能家居设备的智能化程度，还为家庭生活带来了前所未有的便利和舒适。

人工智能能够通过学习用户的行为和习惯，实现个性化的智能推荐。智能音响可以根据用户的音乐喜好，主动播放用户喜欢的歌曲；智能温控系统可以根据用户的日常作息，自动调整室内温度。通过这种方式，人工智能使得家居环境能够更加贴合用户的需求，提升居住的舒适度。

AI 技术在智能家居安全方面的应用也日益突出。智能摄像头和安防系统能够利用面部识别和行为分析技术，实时监测家庭安全状况，并在发生异常情况时及时向用户发出警报。通过 AI 的数据分析能力，系统可以识别潜在的安全风险，提前采取预防措施。这种智能化的安全管理，使家庭成员的安全感大大增强。

人工智能还能够与智能家居设备进行深度整合，形成更加智能的生活生态。智能冰箱能够监测食物的新鲜度，并根据用户的饮食习惯，自动推荐食谱或购物清单。通过这种方式，AI 在智能家居中不仅仅是一个辅助工具，更是一个能够主动为用户提供服务的智能助手。

第二节　绿色可持续·生态美学的实践

一、住宅设计美学是绿色可持续发展的理论基础

（一）生态美学的定义与内涵

生态美学是将生态学与美学相结合的一个新兴领域，旨在探讨人与自然之间的和谐关系。它强调自然环境的美学价值以及人类活动对生态环境的影响。生态美学不仅关注视觉上的美，还强调生态系统的健康、可持续性与多样性。它促使设计师在进行住宅设计时，充分考虑周围自然环境、生态系统的完整性，以及人类活动对自然环境的影响，倡导一种“回归自然”的设计理念。

在生态美学的框架下，住宅设计不仅要追求形式上的美观，更要关注其与自然环境的融合与互动。这要求设计师在材料选择、空间布局、光照引入等方面，考虑生态因素，减少对环境的负面影响，实现建筑与自然的和谐共生。住宅设计中采用自然通风、采光以及雨水收集等设计手法，不仅能提高居住的舒适性，还能有效降低能耗，推动绿色可持续发展。

（二）绿色可持续发展的概念与原则

绿色可持续发展是一种以可持续性为核心的理念，旨在满足当代人需求且不对后代人的需求造成损害。其核心原则包括环境保护、经济发展和社会公平。这一理念强调在建设和发展的过程中，要充分考虑自然资源的使用效率、生态环境的保护和社会发展的平衡。

在住宅设计中，绿色可持续发展的原则要求设计师在材料选择、能源利用、废弃物管理等方面采取可持续的策略。利用可再生能源、选择低污染的建筑材料以及推动建筑的能效提升，都是绿色可持续设计的重要方面。社区的设计也应考虑到社会的多样性和包容性，确保不同人群都能享有良好的居住环境，从而实现人与自然、人与社会的和谐发展。

二、生态美学在住宅设计绿色可持续实践中的应用

（一）可持续材料的选择与应用

在住宅设计中，材料的选择是实现生态美学和绿色可持续发展的重要环节。可持

续材料通常是指在生产、使用和处置过程中，对环境影响较小的材料。这些材料往往具有低能耗、低排放、可再生等特性，能够有效减少建筑对环境的负担。

使用再生材料、天然材料（如竹子、木材等）不仅能够减少资源消耗，还能提升建筑的生态价值。这些材料的美学特性也可以为住宅设计增添自然韵味。在选择材料时，设计师还需考虑其生命周期评估，确保所选材料在整个使用过程中都能保持环境友好性。

环保涂料和低挥发性有机化合物材料的应用，也是住宅设计中可持续材料选择的重要方面。这些材料不仅能提高室内空气质量，还有助于减少建筑对环境的影响。通过合理选择和应用可持续材料，住宅设计不仅能满足美观性和功能性需求，还能在生态美学的指导下，推动绿色可持续发展的实现。

（二）生态城市与绿色建筑的实践

生态城市与绿色建筑是实现绿色可持续发展的重要实践形式。生态城市是以可持续发展为目标，通过合理的城市规划与设计，实现人与自然的和谐共处。绿色建筑则是指在设计、施工和使用过程中，注重资源节约、环境保护和生态平衡的建筑。

在住宅设计中，设计师应积极参与生态城市的规划，考虑住宅在城市整体生态系统中的角色。通过绿色空间的规划、雨水管理系统的设计，以及交通系统的可持续发展，提升城市的生态效益和居住舒适性。住宅设计应融入绿色建筑标准，如LEED（能源与环境设计先锋）认证，确保在建筑能效、资源利用和环境保护等方面达到高标准。

绿色建筑的实施不仅体现在建筑本身，还应考虑到其周围环境的协调与美化。利用屋顶花园、垂直绿化等设计手法，不仅能美化住宅外观，还能提升城市的生态价值，改善微气候。通过这种方式，住宅设计不仅追求个体的美学价值，更能在更大范围内促进生态城市的建设与发展。

第三节　空间重塑·灵活多变的居家体验

一、居家空间的演变与需求

（一）现代居家生活方式的变化

随着社会的不断发展和科技的进步，居家生活方式经历了深刻的变革。从传统的家庭结构到现代的单身公寓，从固定的生活模式到灵活的多元选择，居家空间的使用也随之发生了显著变化。

现代居家生活的快节奏化使得人们对居住环境的功能需求更加多样化。以往，家庭主要是提供休息和生活的场所，而如今，家庭的功能已经扩展到工作、学习、娱乐和社交等多个方面。尤其是近年来远程办公和在线学习的普及，促使人们对家庭办公空间的需求显著增加。许多家庭开始在家中设立独立的工作区域，以适应新的生活和工作方式。

居家空间的设计理念也在不断演变。现代家庭更加强调开放性和流动性，传统的分隔空间逐渐被更为灵活的开放式布局所取代。开放式厨房与客厅的结合，使得家庭成员能够在一起进行互动，提升了居住的社交性。这种空间布局的变化使居家环境更加宽敞明亮，满足了家庭成员之间的沟通和联系需求。

环保与可持续发展理念的引入也影响了现代居家生活方式。越来越多的人开始关注家居材料的环保性和能源的高效使用。绿色建筑和可再生能源的使用，成为现代家庭设计的重要考量因素。这种转变不仅是对环境的责任，也是对家庭成员健康和生活质量的重视。

（二）用户需求与个性化空间的崛起

随着居家生活方式的变化，用户对居家空间的需求也在逐渐升级，个性化的空间设计越来越受到重视。现代用户希望自己的居家环境能够反映个性和生活方式，从而提升生活的舒适度和满意度。

个性化空间的崛起主要体现在两个方面：一是空间功能的定制化，二是空间风格的个性化。不同家庭成员的生活习惯、兴趣爱好和工作需求各不相同，用户希望能够根据自身的需求定制居家空间。家庭中有学龄儿童的家庭，可能会需要设计一个专门的学习区域；而对年轻单身人士而言，灵活的多功能空间可能更为重要，能够满足他们的社交和娱乐需求。

在空间风格方面，现代用户更加倾向于选择与自身个性和审美相符的家居风格。无论是现代简约、工业风还是田园风格，用户都希望通过独特的设计元素和色彩搭配，创造出符合自己生活方式的个性化空间。设计师在此过程中，不仅要理解用户的需求，还要提供灵活的解决方案，以便用户能够根据自身变化进行调整。

科技的进步也为个性化空间的实现提供了更多可能性。智能家居技术的引入，让用户能够通过智能设备随时调整家居环境，改变空间的布局和氛围。这种灵活性和可调性，提升了居住体验，使得用户能够更好地适应生活中的变化。

二、灵活多变的居家设计策略

（一）空间布局的灵活性与可变性

在应对现代居家需求变化的过程中，空间布局的灵活性与可变性成为设计策略的重要组成部分。通过合理的空间布局，设计师能够创造出既实用又美观的居住环境，满足家庭成员多样化的需求。

灵活的空间布局意味着设计师可以根据用户的生活方式和需求，随时调整空间的功能。开放式的客厅与餐厅设计，可以让家庭成员在进行日常活动时，更加便捷地进行互动和交流。

空间的垂直利用也是提高灵活性的有效策略。设计师可以通过墙面收纳、吊柜等设计，实现空间的立体利用，在增加储物空间的同时不影响空间的整体布局。这种设计不仅让居住环境更加整洁，也为用户提供了更多的存储选项，适应不同生活阶段的需求。

（二）多功能家具与智能家居的结合

随着居住空间的日益紧凑，多功能家具的使用成为一种趋势。这种家具设计不仅能有效节省空间，还能提供多种功能，满足家庭成员的不同需求。通过将多个功能融合到一件家具中，用户能够最大化地利用有限的空间。

智能家居技术的引入，使得多功能家具的使用更加高效。智能沙发不仅能够提供舒适的座位，还配备了充电接口和音响系统，满足用户在娱乐和工作上的需求。通过智能控制系统，用户可以一键切换沙发的功能模式，增加使用的便利性和乐趣。

多功能家具与智能家居的结合也为用户创造了更加个性化的居住体验。用户可以根据自身的需求，选择适合的家具配置，并通过智能设备实现对这些家具的集中控制。这种灵活的设计不仅提高了居住的舒适度，也为家庭成员提供了更高的生活质量。

第四节　文化共鸣·传承与创新的和谐共生

一、住宅设计美学文化传承的必要性与现状

（一）文化传承的定义与重要性

文化传承是指将某一文化群体的历史、传统、习俗、价值观和艺术形式等，通过

教育、实践和社会互动等方式，传递给后代的过程。在住宅设计领域，文化传承尤为重要，因为建筑不仅是居住的空间，更是文化的载体和象征。通过住宅设计的文化传承，可以增强人们对自身文化的认同感，保持文化的活力和多样性。

住宅设计中的文化传承能够促进地域特色的保留和发展。每个地区都有其独特的历史背景和文化传统，这些元素在住宅设计中得以体现，使得建筑不仅仅是功能性的存在，而是能够讲述地方故事、传递历史记忆的艺术品。文化传承也有助于维护社会的稳定与和谐，因为它建立在共同的价值观和传统基础上，使人们在快速变化的社会中仍能找到归属感。

（二）传统文化的现状与挑战

传统文化在现代化进程中面临着诸多挑战。全球化的影响使得西方文化及生活方式在许多地方占据主导地位，导致一些地方传统文化逐渐被边缘化。这种现象在住宅设计中尤为明显，许多新建住宅往往忽视了地方传统建筑风格和文化元素，导致文化认同感下降。

快速的城市化进程也对传统文化的传承造成了威胁。在城市化进程中，大量的传统建筑被拆除，新建的住宅往往注重功能性与经济性，缺乏对传统文化的重视与继承。尤其是在一些城市，传统的居住模式和社区文化正在消失，取而代之的是高度同质化的现代住宅。这不仅削弱了地方文化的多样性，也让人们在生活中难以找到文化的根基。

面对这些挑战，住宅设计的文化传承显得尤为必要和紧迫。设计师需要在现代设计理念与传统文化之间找到平衡，探索如何在保持传统文化的基础上进行创新，使其适应现代社会的需求。

二、住宅设计美学文化创新的路径与实践

（一）创新在文化传承中的角色

创新是文化传承的重要推动力。通过创新，设计师可以将传统文化与现代生活需求相结合，创造出既具有文化深度又符合当代审美的住宅设计。这种创新不仅体现在设计语言的更新，更在于对传统文化内涵的重新解读与表达。

在住宅设计中，创新能够激活传统元素，使其焕发新的生命。将传统的建筑材料、构造方式与现代技术结合，创造出节能、环保且富有文化感的居住空间。设计师还可以通过对传统文化符号的重新诠释，使其在现代语境下依然具有吸引力。这种创新使得传统文化得以传承，并适应快速变化的社会环境。

创新在文化传承中的作用不仅限于设计层面，还包括教育与传播。通过现代媒介

和技术手段，设计师可以将传统文化的价值与故事传递给更广泛的受众。利用虚拟现实技术，展示传统住宅的建造过程和文化背景，让更多人了解和体验传统文化的魅力。

（二）文化创新的实践策略

1. 跨界融合与多元发展

跨界融合是推动文化创新的重要策略。在住宅设计中，将建筑设计与艺术、工艺、社会学等多个领域相结合，可以激发出新的设计思路与形式。通过与当地艺术家、工匠的合作，设计师能够将地方艺术元素融入住宅设计，创作出富有地方特色的作品。这样的跨界合作不仅提升了住宅的文化价值，也促进了地方文化的传承与发展。

多元发展的理念也同样重要。在现代社会中，文化的多样性是其活力的源泉。住宅设计应当尊重并包容不同文化背景的元素，创造出能够满足不同文化需求的居住空间。在设计中融合不同民族的建筑风格，或者在住宅内设立文化交流空间，以促进不同文化之间的交流与理解。这种多元化的设计策略不仅能够提升住宅的吸引力，还能为文化的传承提供新的可能性。

2. 科技助力文化创新

科技的进步为文化创新提供了新的动力。在住宅设计中，设计师可以利用现代科技手段，提升文化传承的效果。通过数字化技术，将传统建筑的设计与施工过程进行建模与仿真，不仅可以有效保存传统工艺，还能为后续的建筑实践提供参考。

互联网和社交媒体的发展为文化传播提供了广阔的平台。设计师可以通过在线展览、虚拟博物馆等方式，让更多人了解传统文化及其在现代设计中的应用。这种科技助力的文化创新，不仅能够提升公众对传统文化的认知，也为其在现代社会中的传承与发展提供了新的路径。

参考文献

[1] 郑伟胜 . 绿色建筑理念在高层住宅设计中的渗透 [J]. 居舍 ,2024(31):68-71.

[2] 张炳军 . 本期主题：好房子 · 绿色宜居 [J]. 住宅科技 ,2024,44(10):3-4.

[3] 朱俊铭 , 郭军 , 蔡明路 , 等 . 注重实用性与邻里交互的新型住宅设计体系探索：以一种宜居街坊叠墅创新型设计为例 [J]. 住宅科技 ,2024,44(10):7-13.

[4] 吴昇昊 , 严茅 . 基于耗散结构理论下的生态住宅设计研究 [J]. 鞋类工艺与设计 ,2024,4(19):117-119.

[5] 罗静 . "金简之家" 住宅设计 [J]. 现代出版 ,2024(10):110.

[6] 刘呈 , 龚骁 . 城市住宅，在移动中寻求稳定的一个原点 [J]. 建筑与文化 ,2024(10):120-122.

[7] 李晓琳 . 绿色节能技术在住宅建筑设计中的应用 [J]. 居舍 ,2024(29):48-51.

[8] 田静 . 老年人住宅建筑设计研究 [J]. 中国住宅设施 ,2024(09):196-198.

[9] 苏云 . 第四代住宅设计中的绿色园林景观融合策略 [J]. 现代园艺 ,2024,47(20):112-114.

[10] 晏曼 . 绿色建筑设计在装配式住宅建筑设计中的应用探讨 [J]. 中华建设 ,2024(10):80-82.

[11] 李国楠 . 自然系氛围元素在住宅设计中的运用 [J]. 居舍 ,2024(28):22-25.

[12] 杨慧 . 基于 WELL 健康建筑标准的住宅给排水设计探讨 [J]. 建筑科技 ,2024,8(09):100-103.

[13] 杨涛 . 装配式住宅建筑的设计研究 [J]. 中国建筑装饰装修 ,2024(18):87-89.

[14] 马国文 . 绿色建筑设计理念在装配式住宅建筑设计中的应用研究 [J]. 中国建筑装饰装修 ,2024(18):117-119.

[15] 崔婉怡 , 许懋彦 . 人本理念与社会性视角：林徽因的住宅设计、研究与教学 [J]. 建筑史学刊 ,2024,5(03):16-25.

[16] 王丹华 . 中小户型住宅建筑设计存在的问题及设计方法探讨 [J]. 住宅产业 ,2024(09):30-32.

[17] 范美清 , 章双秋 . 地域文化特色在居住建筑中的应用研究：以襄阳中豪祥云府

项目为例 [J]. 城市建筑 ,2024,21(18):159-162.

[18] 潘彬 . 高标准住宅建筑设计分析 [J]. 石材 ,2024(10):41-43.

[19] 林平 . 住宅建筑设计中低碳设计理念的融合研究 [J]. 住宅与房地产 ,2024(26):34-36.

[20] 荆红红 , 李尚宇 . 转型期城市中小套型住宅设计的探索与实践 [J]. 鞋类工艺与设计 ,2024,4(17):182-184.

[21] 林崇华 , 刘谕霖 . 产品设计 [J]. 中国高校社会科学 ,2024(05):174.

[22] 李冲 , 朱浩 , 訾伟 , 等 . 雄安特色统筹引领绿色创新以工程建设标准支撑引领创建“雄安质量”[J]. 工程建设标准化 ,2024(09):38-41.

[23] 石镕明 . 基于老年人行为特征的适老化住宅室内设计研究 [J]. 居舍 ,2024(26):13-15+68.

[24] 梁鑫 . 基于住宅适应性理念的小户型住宅设计空间优化策略 [J]. 居舍 ,2024(26):16-18+58.

[25] 陈莉莎 , 张汐梓 . 山地住宅规划与设计分析 [J]. 住宅与房地产 ,2024(25):126-128.

[26] 施安东 . 简析装配式施工技术在住宅工程中的运用 [J]. 城市建设理论研究 (电子版),2024(25):115-117.

[27] 冯林 . 基于绿色可持续性的住宅建筑设计 [J]. 石材 ,2024(09):27-29.

[28] 张鹤进 . 浅谈住宅建筑设计中“合规不合理”的常见问题 [J]. 中华建设 ,2024(09):94-96.

[29] 王兮 .BIM 技术助力智慧住宅建设的可持续发展研究 [J]. 产业创新研究 ,2024(16):57-59.

[30] 李宁 . 绿色理念背景下的住宅建筑设计研究 [J]. 新城建科技 ,2024,33(08):59-61.

[31] 张环 . 基于 HiH 健康标识评价的健康住宅设计探索：以宁夏中房云上阅海小区为例 [J]. 新城建科技 ,2024,33(08):107-109.

[32] 苏铁祥 . 探索城市住宅建筑设计创新路径 [J]. 中国建筑装饰装修 ,2024(16):58-60.

[33] 张婷 , 张岱 . 走向“自由架构”：坂本一成工作室小住宅设计中的结构介入 [J]. 建筑学报 ,2024(08):78-85.

[34] 李寅 . 共享的空间和生活：瑞士苏黎世住房合作社 Greencity B3S 住宅设计研究和居住体验 [J]. 建筑师 ,2024(04):4-15.

[35] 林水莲 . 绿色建筑设计理念在装配式住宅建筑设计中的应用研究 [J]. 建材发展导向 ,2024,22(16):55-57.

[36] 富娆 . 生态建筑理论在住宅建筑设计中的运用 [J]. 居舍 ,2024,(23):83-86.

[37] 彭华园 . 绿色节能住宅建筑设计与技术措施研究 [J]. 居舍 ,2024,(23):103-106.

[38] 陈晓宇 . 适老化住宅智能设计优化策略分析 [J]. 住宅与房地产 ,2024,(22):114-116.

[39] 何晓港 , 苗舒康 , 杜玉玲 . 基于 BIM 的零能耗住宅协同设计研究 [J]. 房地产世界 ,2024,(13):13-16.